千年夏布

QIAN NIAN XIA BU

李奇菊 ◎ 著

西南师范大学出版社
国家一级出版社　全国百佳图书出版单位

图书在版编目(CIP)数据

千年夏布 / 李奇菊著. — 重庆：西南师范大学出版社, 2021.6
ISBN 978-7-5697-0881-3

Ⅰ. ①千… Ⅱ. ①李… Ⅲ. ①苎麻纺－介绍－中国 Ⅳ. ①TS124.31

中国版本图书馆CIP数据核字（2021）第091701号

千年夏布
QIANNIAN XIABU

李奇菊 著

责任编辑：伯古娟
责任校对：王玉竹
书籍设计：☾起源
排　　版：黄金红
出版发行：西南师范大学出版社
印　　刷：重庆友源印务有限公司
幅面尺寸：128 mm×185 mm
字　　数：115千字
印　　张：5
版　　次：2021年6月第1版
印　　次：2021年6月第1次
书　　号：ISBN 978-7-5697-0881-3
定　　价：38.00元

特别说明：衷心感谢收入本书的作品作者对本书的热心帮助和支持，但是由于一些作者的姓名和地址不详，暂时无法取得联系。恳请这些作者与本书编者或出版社联系，以便办理相关事宜。

前言

"昼出耘田夜绩麻，村庄儿女各当家。童孙未解供耕织，也傍桑阴学种瓜。"诗人范大成所作的田园诗，描写了南宋时期农村夏日的生活场景。二十世纪七八十年代，这种白天干农活，晚上绩麻织布的生活方式在川渝地区的荣昌县和隆昌县等地还普遍存在。但随着改革开放和城市化进程的推进，年轻人都进城打工，导致现在的场景是只有老年人绩纱，织布的都是为了照顾老人和小孩而无法外出打工的中年妇女和年长者。历史悠久和蕴含祖先智慧的夏布织造技艺面临无人传承的危机，于2008年被列为国家级非物质文化遗产（简称"非遗"）。

夏布是一种以苎麻为原料，经过传统手工工艺绩织而成的苎麻布，具有透湿、透气、高强度和天然抗菌等优良性能，同时具有古朴、柔和光泽感和非均质肌理效果等外观审美特征，其织造技艺被列为非遗以后，作为非遗载体的夏布又具有了非遗符号属性。但夏布生产效率低，绩织工艺费工费时，价格昂贵，在当代可以高效生产、价格又便宜的人造纤维面料市场环境中失去了竞争优势，导致夏布产业严重萎缩，只有少数几个企业因出口退税还能勉强维持经营；同时夏布生产者工资低，年轻人不愿意从事辛苦且工资低的夏布绩织工作。几十年以后，还有人从事夏布绩织工作吗？笔者对此深感忧虑。通过田野调查、古文献查找、访谈和实践，对夏布的定义、流源、规格、绩织技艺和应用等进行梳理，补充完善其基础研究，有利于夏布织造技艺的传承和夏布的创新应用。

苎麻布称为夏布，始于明代，但此时夏布并不专指苎麻布；在清代，苎麻布主要以特产的形式进贡给朝廷或用以局部流通，因适宜于夏季穿着而被称为夏布。到清末民初，将苎麻布称为夏布，才开始成为主流。夏布古时称"纻（紵）"，《本草纲目》曰："苎麻作纻，可以绩纻，故谓之纻。""纻"已经指代以苎麻纤维绩织的布，但表述苎麻布时大多仍在"纻"字的后面加布字，如纻布、白纻布、细纻布等。《小尔雅·广服》篇里记载："麻、紵、葛，曰布。布，通名也"，在这里，"麻"指的是大麻布，"紵"指的是苎麻布，"葛"指的是葛布，它们通称为布；夏布在中国西南地区被称为阑干细布、娘子布，在广西被称为柳布、象布和楝子等。

《名义考》曰："古者布称升,盖精粗之名。"《广韵》曰："升,成也。布八十缕为一升，一成也；二千四百缕为三十升，三十成也。"古代衡量夏布精粗（密度）以"升"来表示，即在规定的布幅内80根经纱为1升。升数值越大，规定布幅内的苎麻纱线根数越多，要求纱线越细，夏布质量越好。古代布幅统一为50厘米左右，官府把这一尺寸以法律形式固定下来。《礼记》里记载：

"布帛精粗不中数，幅广狭不中量，不粥于市。"而且，在古代，精细的夏布为贵族所用，"后宫十妃，皆缟纻"，"贾人毋得衣锦绣绮縠絺纻罽"，"五品以上，用纻丝绫罗"。

现在，夏布质量的优劣主要用多少"筘"来表示，尽管单位同为"筘"，但在不同区域其数据的含义是不一样的。在川渝（四川与重庆）一带，夏布织物密度按 1 平方英寸（平方英寸，面积单位，1 平方英寸 ≈ 6.45 平方厘米，下同）内经纱与纬纱的总根数而定，主要规格有 80、90、95、105、110、120、128、135、140、150 筘（条），也就是在 1 平方英寸内经纱与纬纱加起来的总根数分别为 80、90…150 根，单纱，每一筘穿入一根纱线。而在湖南和江西，夏布织物密度按夏布在规定幅宽内的筘数表示，主要规格有 180、200、220…1200 筘，每一规格在前一规格基础上加一码，即 20 筘，只是湖南的筘板长度为 65 cm，江西的筘板长度为 70 cm，每一筘齿穿入两根纱。川渝一带的 90 筘夏布相当于湖南的 580 筘和江西的 620 筘夏布，因此，夏布规格有待统一规定并按要求执行。

夏布传统手工绩织技艺从古至今变化不大，都要经过打麻、漂麻、绩纱、挽麻团麻芋子、上浆捡纱、牵拉收链、穿筘梳布、纵布织布和整理等工序，只是在上浆工艺和织布机的改进上有所创新。目前，织布机有高机和腰机两种，高机是在腰机的基础上增加了打纬装置，使投梭幅度增大，从而增加所绩织夏布的幅宽。上浆工艺有两种方式，一种是苎麻纱线牵拉好以后用浆刷手工刷浆，另一种方式是苎麻纱线穿过盛有米浆的浆筒而粘附米浆。浆筒上浆比手工刷浆省力和高效，但需要专门的较大的场地。很多文献资料记载，夏布织造技艺包括打麻、挽麻团麻芋子、牵线上浆、穿筘织布和漂洗整理，但捡绺、牵拉和纵布等重要内容没有提及。在本书里，从打麻至织布，笔者对每一工序都进行了详细的整理。

夏布从悠远的历史中一路走来，其发展尽管跌宕起伏，但从未间断。在古代，祖先除了将夏布用于制作夏季服装和蚊帐以外，还利用夏布的高强度和防虫防蛀性能用于漆器和古琴的制作；在当代，人们利用夏布贴近自然、古朴、散发着远古气息的特性和让人觉得温暖、柔和、亲近、单纯而未被污染扭曲的视觉语言进行夏布画、夏布绣和夏布花等工艺美术品创作。这些都显示出人们总能在不同历史时期利用夏布的不同性能和形态特质，创造出满足于人们生活需要的产品，映射出人类的创新精神；利用夏布的物理性能到视觉语言的转变，也折射出社会的发展变化，从物质生产的功能时代转变到视觉语言的消费时代。对于织造技艺类非物质文化遗产的符号载体，只要顺应当前人们对美好生活的追求，充分挖掘与利用其特性，创新地设计与制作符合当下审美和消费需求的产品，就能促进织造技艺类非物质文化遗产的传承。

本书的出版得到了教育部人文社科项目"夏布织造文化的挖掘整理与研究"（项目号：15YJAZH034）和教育部中华优秀传统文化传承基地"西南大学'荣昌夏布织造技艺'"项目的大力支持和资助。

目录

1 何为夏布   001

1.1 夏布之定义   002
1.2 夏布之名   005
1.3 夏布原料   009
1.4 夏布特性   018
1.5 夏布织物密度   021

2 夏布流源   037

2.1 考古   039
2.2 典籍   052
2.3 古诗词   063
2.4 民间传说   075
2.5 民谣   080
2.6 小结   082

3 夏布织造技艺   083

3.1 打麻   085
3.2 漂麻（脱胶）   088

目录

3.3 绩纱	092
3.4 挽麻团、麻芋子	093
3.5 上浆捡缟	095
3.6 牵拉收链	099
3.7 穿梳箹	102
3.8 梳布	103
3.9 穿编箹	105
3.10 纵布	106
3.11 打缟	107
3.12 织布	108

4 夏布之用　　113

4.1 服饰品	115
4.2 工艺美术品	120
4.3 家居用品	144
4.4 办公用品	148

1. 何为夏布

1.1 夏布之定义

夏布（grass linen）是苎麻植物经过打麻、绩纱、挽麻团麻芋子、上浆捡缟、穿箬梳布、纵布织布和漂洗整形等一系列手工工艺加工而成的苎麻布。从加工工艺手段的角度，苎麻布可分为两种：手工绩织苎麻布和工业化纺织苎麻布。手工绩织苎麻布即为夏布，绩织夏布用的纱线是通过手工打麻将纤维从苎麻植物中取出，再手工撕成细丝后捻接而成；而工业化纺织苎麻布的纱线是将纤维从苎麻植物中取出后进行工业化全脱胶，脱胶后的麻纤维非常柔软，按棉纱制作的方式进行纺纱而成。对于夏布，纱线是通过手工绩麻而成，不是用机器纺纱，用"绩织"这一术语更能表达其加工工艺和制作方法。因此，在本书里，夏布制作工艺用手工绩织而不是手工纺织来表达。

手工绩织可分为全手工绩织和半手工绩织两种。全手工绩织苎麻布时用的经线和纬线都是苎麻植物经过打麻、绩纱和挽麻团麻芋子等一系列手工工艺加工而成的麻纱；半手工绩织苎麻布时用的经线为工业化纺的麻纱，只有纬线是手工绩的。全手工和半手工绩织的苎麻布都要经过打麻、绩纱、挽麻团麻芋子、上浆捡缟、穿筘梳布、纵布织布等手工工序，因此，只要是经过上述手工工序绩织的苎麻布都可以称为夏布。手艺人用手指将苎麻片梳理成一根根苎麻细丝，再捻接成苎麻纱线，这种手工梳理捻接而成的纱线粗细不均，由此编织而成的夏布表面会呈现非均质的肌理效果。所以没有完全相同的两匹布，每一匹夏布都是独一无二的。据调查，目前市面上手工绩的麻纱价格是工业化纺的麻纱的 3 倍左右，全手工绩织的夏布价格自然高于半手工绩织的夏布。手工绩纱耗工费时，熟练的绩麻妇女一天也只能绩 1~2 个麻团，大概 3~5 两，绩的麻线越细，绩的克数就越小。因此，全手工绩织的夏布成本高，但由于手工剥麻、绩纱和织布的原因，麻线的颜色和粗细不均，由此织出的夏布具有天然随机的渐变色泽和不均质的肌理效果，充满温暖的情感和诗意的联想。

工业化纺织苎麻布采用的工艺跟现代棉纺或者毛纺工艺基本相同。苎麻植物经过剥制加工，从茎秆上剥下麻皮，刮去麻壳，形成原麻。原麻再经过工厂脱胶、开松、梳麻、并条、粗纱和细纱等工业化流程加工而成苎麻原纱；原纱经过络筒、整经、浆纱和穿经等工序完成经纱的准备；纬纱准备包括络筒、并捻、热湿定捻和卷纬等。经纬纱分别准备好以后就可以在机器上进行织布[1]。纺纱和织布两大工艺全由机器完成，大大提高了生产效率，同时工业化纺的麻纱粗细均匀，由此织造而成的苎麻布表面平整，呈现均质的肌理效果。

  与工业化纺织苎麻布不同的是，夏布不但是苎麻布，而且是由手工绩织而成。看到夏布，首先想到苎麻布，其次想到手工织品。看到夏布，人们脑海里浮现的场景是接近黄昏时分，安静的乡村农舍院坝里小孩在嬉笑玩耍，脸上布满皱纹的婆婆坐在门口，系着围腰，左边一个竹篮，右边一个盆，将右边浸泡在水里的苎麻片用手慢慢地梳理成一根根细细的苎麻丝放在腿上，然后再将它们捻接起来，一圈一圈地叠放在左边的竹篮里，还不时地看看院坝里玩耍的小孩们，眼里充满慈祥；房屋里不停地传出有节奏的"咔嗒咔嗒"声，是婆婆的媳妇干完一天的农活后在家织布。这样制作出来的夏布背后蕴藏了无数的汗水、故事和情感；而工业化加工的苎麻布只能让我们想起工厂里一排排冰冷的机器不停地运转。两种方法加工的苎麻布的价值完全不一样，手工绩织的夏布蕴含历史价值、技艺价值、性能价值、视觉价值和情感价值。本书的内容只限于全手工工艺绩织而成的夏布。

---

[1]袁力军,荣金莲.高档超高支苎麻面料纺织工艺与产品开发[J].中国麻业科学,2009,31(1):25-29.

1.2 夏布之名

在现代生活中,人们的衣着和家用纺织品所用的材料都是以棉和化学纤维为主,而丝绸和麻布相对用得较少。麻布中,亚麻布在夏季服装中用得较多,苎麻布用得较少,因此,很多人都不知道苎麻布和夏布,只知道麻布之名。苎麻布被称为夏布,始于明代,但此时夏布并不专指苎麻布;在清代,苎麻布主要以特产的形式进贡给朝廷或用以局部流通,因适宜于夏季穿着而被称为夏布。到清末民初,将苎麻布称为夏布,才开始成为主流。[1]

那在明代之前,夏布还有哪些称谓呢?

①纻、白纻、纻布、白纻布、细纻布等。夏布古时称"纻"(紵),《现代汉语词典(第7版)》里"纻"的解释为苎麻纤维织的布;李时珍曰"苎麻作纻,可以绩纻,故谓之纻。凡麻丝之细者为絟;粗者为纻"[2];"纻"已经指代以苎麻纤维绩织的布,但表述苎麻布时大多仍在"纻"字的后面加布字,如纻布、白纻布、细纻布等。通过中国国家图书馆·中国国家数字图书馆中华古籍资源库查找到唐代李吉甫创作的一部中国地理学专著《元和郡县志》[3],共计四十卷,每一卷里都列举贡赋清单。清单里出现了紵布、纻布、细纻布、白纻、白纻布、白纻细布、野纻布、纻赀布等名称。将紵布归于纻布,细纻和白纻细布归于细纻布,白纻归于白纻布的话,经统计,纻布

---

[1] 廖江波.夏布源流及其工艺与布艺研究[D].上海:东华大学,2018:17.
[2] 李时珍.本草纲目(影印)[M].北京:人民卫生出版社,1957:646.
[3] 李吉甫.元和郡县志[M].广雅书局,1899.

出现23次，白纻布9次，细纻布5次，还有白纻练（練，下同）布、野纻布和纻赀布各1次，如表1-1所示。而且这些名称从第二十三卷开始才出现，说明在古代，苎麻主要产于南方和西南方。

表1-1 纻布、细纻布、白纻布等在《元和郡县志》里的分布

名称	卷册	州
纻布	二十六、二十七、二十八、二十九、三十、三十一、三十二、三十四	润州苏州湖州越州衢州、温州、安州、鄂州、洪州、处州、建州、黔州、珍州、蜀州、戎州、渝州、邕州
细纻布	二十六、二十八、二十九、三十	润州、蕲州、宣州、连州
白纻布	二十三、二十四、二十八、三十	襄州复州郢州鄂州蕲州、处州、江州、宣州、彬州
白纻练（練）布	二十八	蕲州
野纻布	二十五	兴元府
纻赀布	二十八	安州

②布。汉代孔鲋编著的训诂学著作《小尔雅》，仿《尔雅》之例，对古书中的词语做了解释。《小尔雅·广服》篇里记载："治丝曰织。织，缯也。麻、纻、葛，曰布。布，通名也。"[1]在这里，麻指的大麻布，纻指的苎麻布，葛指的葛布，它们通称为布。同时也说明古代的麻更多指代大麻布，而苎麻布用纻（紵）表示。

---

[1]杨琳.小尔雅今注[M].上海：汉语大词典出版社，2002：185.

③柳布、象布、練子。宋代周去非的《岭外代答》里记载，"广西触处富有苎麻，触处善织布，柳布、象布，商人贸迁而闻于四方者也"。又曰："邕州左右江溪峒，地产苎麻，洁白细薄而长。土人择其尤细长者为練子，暑衣之，轻凉离汗者也。汉高祖有天下，令贾人无得衣練，则其可贵，自汉而然。有花纹者，为花練，一端长四丈余，而重止数十钱。捲而入之小竹筒，尚有余地。以染真红，尤易著色。厥价不廉，稍细者，一端十余缗也"。[1]可见，練子布在古代是一种高级的苎麻布，商人都不能穿練（即由練子布做的衣裳）。

④阑干（阑干细布），娘子布。东晋时期常璩撰写的《华阳国志》——专门记述古代中国西南地区地方历史、地理、人物等的地方志著作，其《南中志》里记载："有阑干细布，阑干，獠言纻也，织成文如绫锦。"[2]《溪蛮丛笑》曰："汉传载阑干，阑干，獠言纻，合有续织细白苎麻，以旬月而成，名娘子布。"[3]"獠"是居住在我国中南、西南地区的一个古老部族，中原的统治者一般把他们与"蛮""夷""俚"等其他居于西南的少数部族统称为"夷"。[4]因此，阑干和娘子布均为西南地区少数民族"獠"对夏布的别称。

在古代，苎麻布被称为"纻"，相当于官方语言，但每个地方又会有地方方言，如古代中国西南地区的阑干细布、娘子布，广西

---

[1]周去非.岭外代答[M].屠友祥，校注.上海：上海远东出版社，1996：127-128.
[2]常璩.华阳国志[M].长春：时代文艺出版社，2008：110.
[3]朱辅，范成大.溪蛮丛笑[Z].中国国家图书馆，1644-1911：6.
[4]王皓浩.南北朝隋唐时期"獠人"初探[J].黑龙江史志，2014（5）：32-34.

的柳布、象布和練子等。也许还有很多其他地方称谓，需要查阅每个地方的古籍地方志才能收集完整。

另外，在一些期刊文献资料里提到夏布也被称为"筒布"和"斑布"，《元和郡县志》贡赋清单的第三十四卷昌州和第三十七卷宾州两个州贡赋筒布，第三十一卷夷州、费州和荣州，第三十四卷普洲和龚州都贡赋斑布，那么，"筒布"和"斑布"究竟是哪种植物纤维绩织而成的呢？

筒布，也称筒中布，六朝的知名麻织物中就有筒中布、越布、白纻和花練等。[1]《华阳国志校注·蜀志》载："江原县……安汉上下、朱邑出好麻，黄润细布，有羌筒盛……[黄润细布]汉、晋蜀中特产的一种细麻布，亦称'蜀布'，著名全国，并远销国外。张骞在大夏见有身毒（估计为音译，今印度）商人贩去的'蜀布'，即此。以牡麻纤维织成，轻细柔软，可卷于竹筒中，故又称'筒中布'，盖若今夏布之类。"[2]《梦溪笔谈导读》又曰："中国之麻，今谓之大麻是也。有实为苴麻；无实为枲麻，又曰牡麻。"[3]由此可见，"筒布"就是黄润细布，也称蜀布，是由大麻的雄株枲麻，也称牡麻的纤维绩织而成。故将夏布称为"筒布"是不严谨的。

斑布，《太平御览》里这样记载，《南州异物志》曰："五色班（班与斑相同）布以丝布，古贝木所作，此木熟时，状如鹅毛。中有核

---

[1]刘艳."筒中黄润，一端数金"——论六朝时期的麻、葛织物[J].装饰，2004(3)：17-18.
[2]常璩.华阳国志校注[M].刘琳，校注.成都：巴蜀书社，1984：242-243.
[3]胡道静，全良年.梦溪笔谈导读[M].成都：巴蜀书社，1988：369.

如珠珣，细过丝绵。人将用之，则治出其核，但纺不绩，在意小抽相牵引，无有断绝。欲为班布，则染之五色，织以为布。"[1]《梁书》卷五十四列传第四十八诸夷又曰："吉贝者，树名也，其华（花）成时如鹅毛，抽其绪，纺之以作布，洁白与纻布不殊，亦染成五色，织为斑布也。"[2] 从斑布的原材料上分析，文献中所提及的"古贝木""吉贝"为斑布材料，二者成熟时皆状如鹅毛，中间有核如玉石粒子，色泽洁白，其形态特征描述似棉花。陈光良认为"吉贝"是古时人们对多年生的"吉贝棉"的一种称谓，而不是宋代之后我国长江流域引进种植的一年生的"亚洲棉"。[3] 多年生的"吉贝棉"必须在月平均温度高于15℃、冬季无霜冻的地方才能生长。可见，斑布的原材料为多年生的吉贝棉。关于技艺，文献中记载了斑布"但纺不绩"，将棉纤维纺成纱线，用"纺"代替了手工的"绩"，实现了线缕延绵不断的效果。这些信息均显示斑布不是由苎麻纤维绩织，而是由吉贝棉纺织而成的布。

1.3 夏布原料

夏布的原材料是苎麻植物秆茎中的韧皮纤维。苎麻属于麻类植物，中国麻类植物可归纳为苎麻、亚麻、黄麻、洋麻、茼麻、大麻、

---

[1] 李昉.太平御览[DB].中国基本古籍库：4853.
[2] 姚思廉.梁书[DB].中国基本古籍库：349.
[3] 陈光良.海南纺织史若干问题的探讨[J].海南大学学报（人文社会科学版），2012,30(1)：1-5.

剑麻和蕉麻。其中前六类为韧皮纤维，剑麻和蕉麻类为叶纤维。古代应用于衣着日用方面的麻品种主要有大麻、苎麻和苘麻。其中大麻和苎麻的原产地是中国，它们在国外分别享有"汉麻"和"中国草"的称号。大麻属于桑科雌雄异株的一年生草本植物，雄株称为"枲"或"牡麻"，雌株称为"苴"或"子麻"。雌株花序呈球状或短穗状，麻茎粗壮，韧皮纤维质劣且产量低；雄株花序呈复总状，麻茎细长，韧皮纤维质佳且产量高。麻子含有一定的油量，可以食用。大麻单纤维长度约150～255毫米，强力约42克，呈淡灰黄色，质虽坚韧，但粗硬、弹性差、不易上色，只能纺粗布。常用枲麻织较细的布，用苴麻织较粗的布。[1] 在荣昌区调研的过程中偶尔也见到用大麻绩织的麻布，尽管其绩织技艺跟苎麻布完全相同，有的织布匠人也称其为夏布，但比起苎麻布，大麻绩织的麻布粗糙而无光泽，品质次于苎麻夏布。

1.3.1 苎麻植物

苎麻（图1-1），荨麻科苎麻属多年生宿根型草本植物，又名银苎、苎根、山麻、天青地白草等，是原产于中国的纤维性经济作物，中国的苎麻产量约占全世界苎麻产量的90%以上，在国际上称为"中国草"。苎麻比较适宜在土壤pH值为5.5～6.5、土层深厚、疏松、有机质含量高的高山谷林边或草坡上生长。苎麻茎叶茂盛，根蔸发达，其种子发芽的适温为25℃～30℃，地上茎生长的适温

---

[1]吕江南,贺德意,王朝云,等.全国麻类生产调查报告[J].中国麻业,2004(2):95-102.

● 图1-1 苎麻植物（分别拍摄于2019年9月和2019年2月）

为15℃～32℃，要求雨量充沛且分布均匀，相对湿度在80%以上。[1]因此苎麻为喜温短日照植物，原产于温带和亚热带，中国西部以及长江流域比较适宜苎麻的生长。苎麻对气候的适应性好，易种植，经济效益明显，大多数地区的宿根苎麻一年可收成3次，第一次生长期约90天，称头麻；第二次生长期约50天，称二麻；第三次生长期约70天，在9月下旬至10月收割，称三麻。[2]

苎麻茎秆呈圆柱形、直立、绿色、多毛，成熟时逐渐变为褐色；叶为单叶，互生，叶片大，成熟叶片正面为绿色或黄绿色，有的品种有皱纹，反面密生交织着白色茸毛；花单生，雌雄同株，花序复穗状，雄花花序生在茎的中下部，雌花花序生在梢部；苎麻具有发达的地下部分，俗称麻蔸或根蔸，由地下茎和根组成，地下茎在根

[1]朱睿,杨飞,周波,等.中国苎麻的起源、分布与栽培利用史[J].中国农学通报, 2014,30(12): 258—266.
[2]高志勇.优质的纺织原料——苎麻[J].广东农业科学,2009(3):43-44.

苋上位，能长许多芽，伸出地面后形成地上部茎、叶、花、果实、种子等器官，苎麻根又分为主根、支根和细根，主根和部分支根膨大，成为长纺锤形的肉质根，俗称萝卜根，具有贮藏养分的功能。因此，苎麻植物跟其他植物一样，主要由根、茎、叶组成，茎秆默默地支撑苎麻植物向上生长，其外部为一层薄薄的麻皮（也称韧皮），而苎麻纤维就存在于麻皮里。内有麻骨支撑，外有麻壳保护，苎麻在安全的空间里成长。

苎麻植物全身是宝，具有较高的经济价值、生态价值和药用价值。苎麻叶甘寒，无毒，凉血，止血，散瘀，治创伤出血、咯血、尿血、肛门肿痛、乳痈、丹毒、脱肛不吸、赤白带下、妇人子宫炎。苎麻根清热止血，解毒散瘀，除有与叶相似功效外，还可治热病大渴、跌打损伤、蛇虫咬伤等，并有安胎作用。[1]根、叶并用可治急性淋浊、尿道炎出血等症；《本草纲目》曰"根，味甘性寒无毒，主安胎……暗箭毒、蛇虫咬伤。沤苎，止消渴"[2]；赵机等人以图文形式对《本草纲目》进行了白话精译，其中附方写道："治痰哮咳嗽：取苎根煅烧存性研为末，用生豆腐蘸三五钱，食后效果甚佳。如未痊愈，可用猪肉二三片，蘸末后食用，效果更好。治小便不通：用麻根、蛤粉半两为末，每次服两钱，空腹用新鲜水送下。治脱肛不吸：苎根捣烂煎汤，倒入盆中坐浴，效果良好。治产后腹痛：将苎麻放在腹上，即止。"苎麻叶按干物质计算含蛋白质在20%以上，可作

---

[1]熊维新,李开泉.苎麻的药用开发价值[J].江西中医学院学报,2006,18(3):51-52.
[2]李时珍.本草纲目(图文本)[M].赵机,其宗,编选,北京:宗教文化出版社,2001：105-106.

各类畜禽的饲料[1]；种子可榨油，供制肥皂和食用；纤维用于纺织；根系发达，有良好的水土保持作用。

1.3.2 苎麻纤维

苎麻为多年生宿根作物，其茎秆为不规则的圆形杆状结构，从苎麻纤维剥制的角度分析，苎麻茎秆由外向内粗略分为麻壳、纤维层和麻骨三部分。[2]从生理结构上分析，苎麻茎秆的横断面由外向内依次分为青皮层（表皮）、皮层、韧皮纤维层（韧皮部）、形成层、木质部和中心髓部，最有纺织利用价值的初生纤维存在于韧皮部内。[3]苎麻的韧皮纤维由单细胞发育而成，纤维纵向没有明显的扭转，纤维表面有不规则横节和纵纹，横截面呈椭圆形，由初生胞壁、次生胞壁以及中腔构成。[4]

苎麻纤维形态：苎麻的韧皮层是由单纤维及胶质等组成，苎麻的单纤维细胞是一根两端封闭、中间粗而两头尖的厚壁长细胞，其横切面呈圆形、椭圆形、多边形和不规则形，同一纤维细胞胞壁厚薄较均匀，胞壁上具有单纹孔，与外界纤维细胞和薄壁细胞相通；胞腔和纤维细胞一样呈圆形、椭圆形、多边形、不规则形等各种形

---

[1]罗正玮,兰丙基,陈孝珊,等.苎麻叶饲用效果及苎麻叶配制浓缩饲料的研究[J].湖南农学院学报,1989(S1)：137-143.
[2]向伟,马兰,刘佳杰,等.我国苎麻纤维剥制加工技术及装备研究进展[J].中国农业科技导报,2019,21(11)：59-69.
[3]罗素玉.苎麻品种纤维形态结构与产量、品质相关性的研究[J].中国麻作,1983(4)：24-29.
[4]杨建霞.苎麻纤维增强复合材料力学性能及界面吸水失效机理研究[D].上海：东华大学,2017：6.

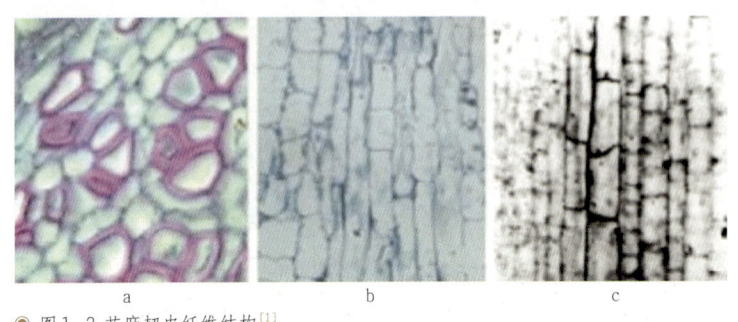

图1-2 苎麻韧皮纤维结构[1]

状，胞腔部分中空，部分边缘附着细胞质（图1-2-a）。纵切面上，大部分纤维细胞呈长方形，少部分近似于三角形或不规则形（图1-2-b，c）。纵向方向上，在纤维的中间有若干横节。电子显微镜研究结果认为这些横节可能是纤维生长过程中，由于某种原因导致纤维细胞局部胀大，将表层"纤维"胀破而再生出第二层组织，再胀破同样再生第三层，再胀破等形成的；或者是由于某种原因纤维细胞表层破裂，第二层组织再生等而形成的，裂缝最大宽度达2微米以上，这是一种情况。另一种情况就是纤维细胞内部组织局部隆起，但没有使细胞表面胀破，只是改变了纤维表面巨原纤维的走向，形成"树节"。此外，在纤维细胞表面存在许多"茸毛"，茸毛的形状有的像"竹笋"，有的像"树丛"，说明苎麻纤维的表面形状相当复杂。尤其是根部的纤维表面十分粗糙，有很多裂痕和

[1] 晏春耕,曹瑞芳,申素芳,等.苎麻韧皮纤维超微结构的观察[J].安徽农业科学,2012,40(8):4488-4489,4491.

空洞，单纤维的平均直径为40微米，平均长度为6厘米左右。[1]

苎麻纤维的化学组成：苎麻纤维性能主要由它的化学成分确定。苎麻纤维的化学组成主要是纤维素、半纤维素、木质素、果胶、脂肪蜡质、灰分和其他成分，其中纤维素是主要成分，占比65%～75%，其次为半纤维素，占比14%～16%。纤维中纤维素含量越高，非纤维素成分（胶质）含量越低，纤维品质越好。在几种常用的麻纤维中，亚麻纤维素含量最高，其次为大麻和苎麻，大麻和苎麻基本相当。[2] 苎麻纤维是一种多糖物质，是许多葡萄糖单元通过β-1，4-苷键连接而成的线形高分子化合物，分子式为$(C_6H_{10}O_5)_n$，式中的"n"称为聚合度。其大分子结构示意图如图1-3。

纤维素分子之间主要依靠范德华力和氢键相互联结，形成结晶态和非晶态两种凝聚状态。结晶态：大分子相互间整齐、稳定地排

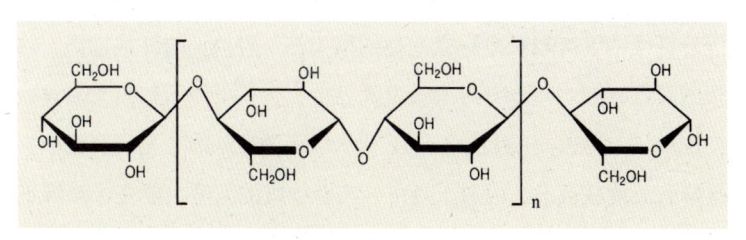

图1-3 苎麻纤维素大分子结构示意图[3]

[1]王德骥.苎麻纤维素化学与工艺学——脱胶和改性[M].北京：科学出版社，2010：3.
[2]黎征帆.苎麻半纤维素组分研究[D].上海：东华大学，2015：2.
[3]孙志锋.烷基化改性苎麻纤维的初探[J].广东化工，2015，42(16)：129，131.

列而组合在一起，每一链节，甚至每一基团或原子，都处在三维空间一定的相对位置上或区域内，成为整齐有规律的点阵排列结构，并有较大的结合能。非晶态：大分子不呈结晶态那样有规则整齐地排列的各种凝集态。苎麻纤维是结晶态与非晶态的混合物。在一根纤维中，一些局部区域呈结晶态，另一些区域呈非晶态；而且，在结晶区内，也不是处处都和理想晶体一样致密整齐，每一个大分子可能间隔地穿越几个结晶区和非晶区，靠结晶体中分子之间的结合力把大分子相互联结在一起，又靠穿越两个以上结晶体的大分子把各个结晶区联结起来，并由组织结构比较疏松紊乱的非晶区把各个结晶区间隔开来，使纤维成为一个疏密相间又不散开的整体。[1]

苎麻纤维的物理性能：纤维的物理性能主要指标有细度、长度、强伸度和色泽特征。苎麻不同部位的纤维细度不一样，苎麻的梢部纤维最细；中部次之；根部最粗，每部位的变化范围约 0.4～0.67 tex，根部纤维比梢部粗约34%，因此苎麻纺纱厂在加工高支纱时常在脱胶前把根部麻切除，以提高纤维的平均支数。苎麻纤维的细度与长度存在明显的相关，一般越长的纤维越粗，越短的纤维越细。苎麻纤维的长度随品种、生长条件而有很大差异，二麻最长，头麻、三麻次之，4.5厘米以下的短纤维率为二麻最低，头麻、三麻较高。[2] 但对于夏布，苎麻纱线的细度主要在于绩麻工的绩麻技艺、手撕的精细程度和接线的位置，以及苎麻纤维的长

---

[1] 朱爱国.苎麻主要品质性状的研究[D].北京:中国农业科学院,2001:6-7.
[2] 姚穆,周锦芳,黄淑珍,等.纺织材料学(第二版)[M].北京:中国纺织出版社,1990: 69-76.

度——苎麻纤维越长,接头越少,绩麻纱线越均匀。二麻纤维长,短纤维率低,因此,绩织夏布最好的苎麻是二麻,夏季收割,这跟田野调查时了解的实际情况一样,二麻纱线较好。

苎麻纤维的强伸度指的是强度和伸长率。苎麻纤维具有很高的强度和初始模量,在天然纤维中居于首位,伸长率低,如表1-2。

表1-2 几种天然纤维的拉伸性质指标参考表[1]

纤维种类	断裂强度(N/tex) 干态	断裂强度(N/tex) 湿态	断裂伸长率(%) 干态	断裂伸长率(%) 湿态	初始模量(N/tex)	定伸长回弹率(%)
棉	0.18~0.31	0.22~0.40	7.0~12.0	—	6.00~8.20	74(伸长2%)
绵羊毛	0.09~0.15	0.07~0.14	25.0~35.0	25.0~50.0	2.12~3.00	86~93(伸长3%)
桑蚕丝	0.26~0.35	0.19~0.25	15.0~25.0	27.0~33.0	4.41	54~55(伸长5%)
苎麻	0.49~0.57	0.51~0.68	1.5~2.3	2.0~2.4	17.64~22.05	48(伸长2%)

由于苎麻纤维模量高,纤维硬挺,刚性大,苎麻纺纱时纤维之间的抱合差,不易捻合,纱线毛羽较多;苎麻纤维强度虽高,由于伸长率低,断裂功小,加之苎麻纤维的弹性回复性能差,因此苎麻织物的折皱回复能力差,易皱和有刺痒感。苎麻纤维具有很强的光泽,比其他麻类纤维都好。由于含有不纯物或色素,原麻呈白、青、

---

[1]宗亚宁,张海霞.纺织材料学[M].上海:东华大学出版社,2019:133-134.

黄、绿等深浅不同的颜色，一般呈青白色或黄白色，含浆过多的呈褐色，淹过水的苎麻，纤维略带红色。三季麻中，二麻较白，头麻、三麻颜色较暗，经过脱胶漂白后的苎麻纤维，色纯白，脱胶过度的苎麻颜色变深，光泽差，强度亦降低，因此从纤维的色泽亦能间接判断纤维物理性能的好坏，一般光泽好而且颜色纯白的苎麻，纤维强度高，反之亦然。

1.4 夏布特性

夏布由天然的苎麻纤维手工绩织而成，苎麻纤维的结构形态、化学组成以及手工绩织工序造就了夏布的很多特性。苎麻纤维大分子的结晶度、取向度都比较高，模量和扭转刚度大，不易弯曲，纱线毛羽多、长、硬，同时纤维端头呈尖形，由此导致苎麻纤维的柔软性和弹性较差，织物作为面料穿着时有刺痒感。但苎麻纤维的多孔结构和手工绩织技艺又造就了夏布的很多优良特性。

1.4.1 自然材质肌理特性

夏布有着不均质的肌理效果和自然柔和的光泽感。夏布由苎麻经过一系列手工工艺加工制作而成，在其工艺流程中，绩纱时麻线的粗细不均和织布时的用力程度不一等都会使夏布形成不均质的肌理效果。

绩织夏布用的苎麻纤维存在于苎麻植物的韧皮部，苎麻植物成熟以后，用竹竿将其叶子打掉后，再通过收割、剥皮、浸泡、刮青和漂洗等工艺才得到白色的苎麻纤维。刮青时手的力度大小和漂洗时间长短不完全一样，致使白色苎麻纤维中呈现不均的麻黄色。经过漂洗以后的苎麻纤维还是长短不一的片状，需要用手将其撕成一根根苎麻细丝以后，再捻接成织布用的纱线，手工撕麻的工艺也造就了苎麻纱线的粗细不均。由粗细和色泽不均的纱线织出的夏布就呈现出不均质的肌理效果。

苎麻纱线色泽的深浅不一和线条的粗细不均，在手工牵线上浆过程中其出现的位置也是随机的；手工织布时手对纬线投梭以及腰部对纬线打纬等的用力力度，每次都不一样，这些手工操作都会使夏布出现自然的色彩差异和全然不同的非均质肌理效果，因此每一匹夏布都是独一无二的，没有完全相同的两匹夏布。

1.4.2 优良性能特性

夏布由苎麻纤维绩织而成，而苎麻纤维纵向充满横节竖纹，横向截面为中腔的圆形和多边形形态，胞壁有裂纹。这些中腔、空隙、凹槽和裂纹使得苎麻纤维制成的织物具有很好的透湿和透气性能，夏天穿着凉爽；苎麻纤维内部结构的超细微孔，使得苎麻具有强劲的吸附能力，能吸附空气中的甲醛、苯、甲苯、氨等有害物质，消除不良气味，吸附的有害物质可以通过日晒挥发掉。麻类纤维不仅普遍含有抗菌性的麻甾醇等有益物质，不同的麻纤维还含有各种不同的有助于卫生保健的化学成分，比如苎麻含有叮咛、嘧啶、嘌呤等成分，对金黄色葡萄球菌、绿脓杆菌、大肠杆菌等都有不同程度的抑制效果，因此，夏布具有防腐、防菌和防霉等功能。[1]同时，夏布具有高强度物理性能，苎麻纤维是天然纤维中强度最高的，其断裂强度可达到 0.49~0.57 N/tex，而棉纤维的断裂强度为 0.18~0.31 N/tex（如表 1-2）。

1.4.3 生态环保特性

夏布是利用苎麻植物韧皮部的纤维手工绩织而成，在整个织造过程中无污染，苎麻纤维本身又是可降解的天然纤维，属于天然环保材料；苎麻植物中的纤维用于绩织夏布，剩下的茎秆和落叶等一道埋入麻地行间，既可以成为苎麻生长所需的有机肥料，又能使土壤疏松；苎麻既是深根型植物，又是多年生植物，不用深翻复种，一年栽种、多年受益，苎麻萝卜根粗长，根系较多，入土较深，一般入土达 50 厘米以上，大部分细根分布在 35 厘米左右的耕作层中，固土力特别强，保持土壤不流失。

1.4.4 天然防伪标志特性

由于夏布的制作工艺非常传统，在其织造过程中，刮青、绩纱、挽麻团、上浆捡缟和织布等过程都必须由手工操作。苎麻本身色彩的深浅不一，绩纱、挽麻团、上浆捡缟过程中的偶然性，织布人手上对线的松紧把握，都会使夏布经纬线出现自然的色彩差异和非均质的肌理效果。在夏布上绘画，与宣纸比起来，这种独特的肌理为每一

---

[1] 邵松生.麻类纺织品的开发前景[J].纺织信息周刊，2000(16)：18-19.

幅作品提供不可复制的唯一性。手工织出的每一匹夏布的表面肌理都不一样，具备天然的防伪标志，在赝品泛滥的今天，在夏布上作画的这种不可复制性为艺术收藏界的井然有序提供了一个有力的保障。

1.5 夏布织物密度

按国家标准，织物密度是指单位长度内纱线的根数，一般采用10厘米内纱线的根数表示，单位为"根/10厘米"，有经纱密度和纬纱密度之分，简称经密、纬密。习惯上将经密和纬密自左向右联写成"经密×纬密"，[1] 这是现行工业化纺织的织物密度计量方法。夏布织物密度在古代以"升"来表示；在现代以筘板的规格来表示，如"80筘""120筘"等；而在20世纪七八十年代之前，川渝一带还以"七五布""九二布"等相称，因此，夏布织物密度主要以民国时期和20世纪七八十年代为节点来划分。通过文献查找、实地调研采访和电话咨询，笔者按发展变化的时间顺序对每个阶段的夏布织物密度进行了梳理。

1.5.1 民国之前

《名义考》记载："古者，布称升，盖精粗之名，《广韵》：升，成也。布八十缕为一升，一成也；二千四百缕为三十升，三十

---

[1] 宗亚宁, 张海霞. 纺织材料学[M]. 上海：东华大学出版社, 2019: 288.

成也。"[1] 古代衡量夏布精粗（密度）以"升"来表示，即在规定的布幅内 80 根经纱称为 1 升。升数值越大，规定布幅内的苎麻纱线根数越多，要求纱线越细，夏布质量越好。但布幅的宽度在古代是多少呢？

夏布是苎麻植物经过手工打麻、绩纱、牵线上浆后编织而成，当下使用的夏布织机有"高机"和"腰机"两种类型。据用高机编布的匠人介绍，20 世纪 80 年代，为了增加所织夏布的幅宽，高机是在腰机构造的基础上改变投梭方式创新改造而成的。而古代所用织机主要是腰机，与织绢、绸、葛、麻、棉等的织布机一样，在《天工开物》中就这样描述腰机："凡织杭西、罗地等绢，轻素等绸，银条、巾帽等纱，不必用花机，只用小机。织匠以熟皮一方置坐下，其力全在腰、尻之上，故名腰机。普天织葛、苎、棉布者，用此机法，布帛更整齐、坚泽，惜今传之犹未广也。"[2] 在古代，织棉、麻、葛和丝的织布机都是台式腰肌，因此，在古文献里查找夏布幅宽时，也可以用布帛来搜索。腰机在四川和重庆也称矮机，织布时用手左右交替投梭。刘兴林[3] 认为，春秋战国至汉代，台式腰机（也就是矮机）得到逐步推广，布幅统一为 50 厘米左右，官府把这一尺寸以法律形式固定下来。《礼记》也曰："布帛精粗不中数，幅广狭不中量，不鬻于市。"[4] 在古代，布是麻、葛、纻的统称，精粗是

---

[1] 周祈.名义考[M].中国基本古籍库,民国湖北先正遗书本:96.
[2] 宋应星.天工开物（一）[M].上海:商务印书馆,1933:36.
[3] 刘兴林.先秦两汉织机的发展与布幅的变化——兼论海南岛汉代的广幅布[J].中国历史文物,2009(4):27-37.
[4] 周礼[M].郑玄,注.中国基本古籍库.四部丛刊明翻宋岳氏本:70.

指粗细，也就是密度；幅广是指幅宽，密度和幅宽达不到要求的不能卖。由此可以初步确定古代夏布幅宽为一固定值50厘米左右。

《汉书》曰："布帛广二尺二寸为幅，长四丈为匹。"[1]明崇祯刻本《康济谱》里记载："布帛广二尺四寸为幅，长四丈为匹。"[2]《捷用云笺》曰："布帛广三尺二寸为幅，长四丈为匹。"[3]朱载堉撰写的《乐律全书》曰："今按布帛之广，古有四说，汉志所云二尺二寸，一也；郑氏所云二尺四寸，二也；淮南子所云二尺七寸，三也；巡守礼所云三尺二寸，四也。"[4]古代的"广"字即为现代的"宽"的含义，从上述文献资料可知古代布帛幅宽似乎有四种，二尺二寸、二尺四寸、二尺七寸和三尺二寸等。但《淮南鸿烈解》曰"黄钟之律修九寸，物以三生三九，二十七，故幅广二尺七寸"，[5]从这一文献内容可以看出，二尺七寸是按黄钟之长推算的，不是夏布幅宽的实际测量之值。《仪礼疏》里记载："《朝贡礼》云：纯，四只，制，丈八尺者；纯谓幅之广狭，制谓舒之长……只，长八寸，四八三十二，幅广三尺二寸，大广非其度。郑志答云：古积画误为四，当为三，三咫则二尺四寸矣。"[6]由这一文献内容可知，幅广三尺二寸不存在，是由于古籍书中误把三当成四，按古币帛纯制推

---

[1]班固.汉书[M].中国基本古籍库,清乾隆武英殿刻本:266.
[2]潘游龙,辑.康济谱[M].中国基本古籍库,明崇祯刻本:218.
[3]陈继儒.捷用云笺[M].中国基本古籍库,明末刻本:7.
[4]朱载堉.乐律全书[M].中国基本古籍库,清文渊阁四库全书本:405.
[5]刘安.淮南鸿烈解[M].许慎,注.中国基本古籍库,四部丛刊景钞北宋本:35-36.
[6]贾公彦,疏.仪礼疏[M].郑玄,注.中国基本古籍库,清嘉庆二十年南昌府学重刊宋本十三经注疏本:299.

算帛的幅宽为二尺四寸。《新定三礼图》[1]和《礼记大全》[2]均记载："布，幅广二尺二寸，帛，幅广二尺四寸。"

综合上述古文献，幅宽二尺七寸按黄钟之长推算，三尺二寸为误算，二尺四寸按纯制推算为丝织品的幅宽。因此，古代夏布织物的幅宽二尺二寸是比较恰当的。由于幅宽是固定的，所以织物在贡赋和交易计算时只言其长若干值几何，如唐代李吉甫创作的一部中国地理学专著《元和郡县志》里有这样的记载："贡赋白纻布一端、纻布一十八匹、白纻布一十五匹、白纻练布七匹。"杜佑撰写的《通典》也曰："蕲春郡贡白纻布十五端、富水郡贡白纻布十端、吴兴郡贡纻布三十端、庐陵郡贡白纻布二十端、宜春郡贡白纻布十匹。"[3]查阅了大量的古文献资料，在向朝廷贡赋的清单里均没有记载幅宽，只有长度多少匹。《枣林杂俎》里记载："胡茶一斤直（今为"值"，下同）六金，布一匹直四金，缎纻直三十金。"[4]《九章算术》曰："今有布一匹，价直一百二十五。"[5]古代夏布交易记录比较少，贡赋的记录较多，有交易的文献记载里也没有幅宽，只能说明幅宽是大家公认的一个数值，不用特别标注。

从文献资料考证夏布在古代的幅宽基本固定为二尺二寸，但又有一个问题，每个朝代的尺长（一尺的长度）在变化，如在《理学逢源》里记载："古布之幅广二尺二寸，周尺短，只当今尺一尺二

---

[1]聂崇义.新定三礼图[M].中国基本古籍库，四部丛刊三编景蒙古本：78.
[2]胡广.礼记大全[M].中国基本古籍库，清文渊阁四库全书本：189.
[3]杜佑.通典[M].中国基本古籍库，清武英殿刻本：50-52.
[4]谈迁.枣林杂俎[M].中国基本古籍库，清钞本：300.
[5]刘徽.九章算术[M].李淳风，注.中国基本古籍库，四部丛刊景清微波榭丛书本：27.

寸许，三十升则二千四百缕，以一尺二寸之幅用二千四百缕，故细密难成。"[1]《太炎文录》曰："古之细布，幅广二尺二寸，约今一尺四寸。"[2] 夏布幅宽基本固定，怎么又出现一尺二寸、一尺四寸呢？这与统治者为了增加税收而加长尺长有关，尺长加长也就是一尺代表的长度变大。官府把幅宽以法律形式固定下来，"布帛精粗不中数，幅广狭不中量，不粥于市"，所以幅宽不变，尺长变大，尺寸值变小，就出现二尺二寸变为一尺二寸、一尺四寸，跟每个朝代的尺长相关，尺长增加越大，尺寸值就变得越小；在一匹布的长度上，由于尺长增大，老百姓贡赋一匹四丈的纻布，需要在以前长度基础上多织一些，这样官府就变相地增加了税收。

既然尺长在变，那每个朝代的尺长是多少呢？参照吴承洛《中国度量衡史》第12表"中国历代尺的长度标准变迁表"[3]，笔者以此为基础整理得到各朝代的尺长，如表1-3。

表1-3 我国各朝代的尺长

年代	朝代	尺长（厘米）	年代	朝代	尺长（厘米）
公元前2205—前1600年	夏	24.88	公元274—317年	西晋	23.04
公元前1600—前1046年	商	31.10	公元317—420年	东晋	24.45
公元前1046—前226年	周	19.91	公元581—602年	隋	29.51

---

[1]汪绂.理学逢源[M].中国基本古籍库,清道光十八年敬业堂刻本:207.
[2]章炳麟.太炎文录[M].中国基本古籍库,民国章氏丛书本:41.
[3]吴承洛.中国度量衡史[M].上海:商务印书馆,1937:54.

续表

年代	朝代	尺长（厘米）	年代	朝代	尺长（厘米）
公元前 221—前 206 年	秦	27.65	公元 603—618 年	隋	23.55
公元前 206—公元 25 年	西汉	27.65	公元 618—907 年	唐	31.10
公元 9—23 年	新莽	23.04	公元 907—960 年	五代	31.10
公元 25—81 年	东汉	23.04	公元 960—1279 年	宋	30.72
公元 81 年—220 年	东汉	23.75	公元 1279—1368 年	元	30.72
公元 220—265 年	魏	24.12	公元 1368—1644 年	明	31.10
公元 265—273 年	西晋	24.12	公元 1644—1911 年	清	32.00

从表 1-3 可以看出，每个朝代的尺长基本都不一样，即使在同一朝代，不同时期也可能有差异，有时还是两种尺长标准在并用。中国历代的长度基本单位是尺，如果按使用单位来说，有三个系统，法定尺、木工尺和衣工尺。历代官方的制度都是律用尺，是根据律定的一种尺度，表 1-3 中的尺长量值是根据文献资料中描述的尺度关系推算出来的，同时又根据律用尺制度从古度量衡器中去考证当时度量衡的实际大小。

中国的度量衡就其制度来说不是单一的而是多元的，往往存在着大小两制，并且两制在不同场合并行不悖的时候居多。在尺度方面，大尺、小尺长期并施。周代尺长 19.7 厘米属小尺，其大尺为 23 至 24 厘米多，后来通行 23.1 厘米长的大尺。到秦汉另有长达 27.72 厘米的大尺，原战国时期 23.1 厘米的尺子就成了秦汉的小尺。唐代之尺同样有大小两种。小尺长 24 厘米多，与周代 24 厘米多的大尺（黍尺）、魏晋南北朝的调乐律尺都有历史渊源。而大尺之长近30厘米，用于调律以外的其他场合。宋代交易用的尺和调律的尺大小不同，仍与过去相类似，后来迄于明清一般都是通行大尺。[1]因此，表1-3中的尺度只能作为参考。

"布帛广二尺二寸为幅，长四丈为匹"出现在《汉书》中，那汉代的尺度究竟取多少合适？白云翔认为汉代的尺度，经过历代学者的考证与研究取得了重要进展，并随着考古新发现的不断增多而逐步得到深化。[2]汉代尺度的考古发现及其分析表明，一尺的实际长度，在西汉和新莽时期一般为23厘米，东汉一般为23.4厘米，二者相差甚微，考虑到数据的一贯性，故厘定为23.1厘米。由此可以推算出夏布在古代的幅宽为50（23.1×2.2）厘米左右，其密度1升即为50厘米的幅宽内有80缕苎麻纱。

1.5.2 民国时期至20世纪七八十年代

1912年（民国元年），工商部提出废除旧制，采用万国公制（也称米制和米突制）的议案，未被国会通过。米制创行于法国，其后各国开万国度量衡会议决定为世界之标准，设万国度量衡公局以管理之。米制，作为公制，自制定之日起，至清末已有一百五十年之历史。1915年1月，北洋政府以"大总统令"的方式颁布《权度法》，其中提出甲、乙两制：甲制是"营造尺库平制"，乙制是"万国权度通制"。后因政局关系，《权度法》行政令各省未能切实奉行，

---

[1]吴慧.新编简明中国度量衡通史[M].北京：中国计量出版社，2006：19.
[2]白云翔.汉代尺度的考古发现及相关问题研究[J].东南文化，2014（2）：86.

民国初年我国的度量衡管理仍是十分混乱的。1928年7月18日，为了统一全国度量衡，国民政府公布了《中华民国权度标准方案》，方案规定：

其一，标准制，定万国公制为中华民国权度之标准制。长度，以一公尺（即米突尺）为标准尺。其二，市用制，以与标准制有最简单之比率而与民间习惯相近者为市用制。长度，以标准尺三分之一为市尺。[1]

1959年6月，国务院确定米制为中国的基本计量制度。1977年5月，我国首次派员出席第16届国际计量大会，并签署了《米制公约》。此后的历届大会，均有代表参加，我国成为世界上坚持贯彻《米制公约》的国家之一。1984年2月，《国务院关于在我国统一实行法定计量单位的命令》颁布，以"米"取代沿用了数千年之久的市尺制。市尺制于1990年底停止使用。[2] 从上述米制基本度量制度在中国的实施过程可知，从民国时期至20世纪七八十年代之间，中国各地有标准制（米制）和市用制两种，其尺度关系为1米等于3市尺。在这期间，夏布织物密度是怎样的呢？通过对相关文献资料的收集整理、实地调研和电话咨询夏布织造技艺非物质文化遗产传承人，笔者对重庆、四川、湖南和江西等主要夏布织造区域的夏布规格进行了梳理。

---

[1]艾学璞,张桐树,李家有,等.民国时期度量衡标准器的历史意义[J].中国计量,1999(4):50-51.
[2]黄汉平."米制"古今谈[J].知识就是力量,1995(6):22-23.

（1）四川与重庆

重庆于1997年成为直辖市。民国期间描述的四川包括现在的重庆和四川（简称川渝）。川渝两地绩织夏布主要集中在重庆的荣昌和四川的隆昌两地，"荣隆"两地相邻，夏布规格完全一样。

民国文献方面，1927年《中国之夏布交易概况》一文里记载："四川夏布，货分粗细二种……粗货阔计一尺三寸。细货阔计一尺四寸。至长度则二者均为五丈。四川地方所用之尺，每尺约合12.7英寸。"[1] 1934年的《四川荣隆夏布业调查》里记载："漂白麻布，千四百头者，长四丈八尺，售洋二十四元。千二百头者，长同前，售洋十二元。一千头者，长同前，售洋八元……六百八十头者，长同前，售洋四元，六百四十头者，长同前，售洋三元八角。"[2]《夏布之种类及销场》一文又曰："夏布因头份之多寡分为，庄尺三、四八、六八、七二、八百、九百、一千、千二、千四、千六、千八等十二种，其头份少者线粗，故品级低，头份线多者线细，故品级高。"[3]

从以上民国文献大致可知两大信息：夏布的幅宽基本固定，为一尺三寸和一尺四寸两种，匹长四丈八至五丈；夏布的规格根据苎麻纱线的根数分为庄尺三、四八、六八、七二、八百、九百、一千、千二、千四、千六、千八等，通常称为多少头，如一千四百头。

实地调研方面，笔者从传承人和当地编织夏布的匠人那里了解

---

[1] 国内财政经济: 中国之夏布交易概况[J].银行月刊, 1927, 7(7): 158-159.
[2] 四川荣隆夏布业调查（交通）[J].兴华, 1934, 31(35): 20.
[3] 四川之夏布: 夏布之种类及销场[J].染织纺周刊, 1937, 2(49): 1815.

到，在四川和重庆，夏布主要规格有三二布、四五布、六八布、七五布、九二布、千零八十布（千零八布）等，对应的箱板称为三二箱板、四五箱板，以此类推，每一箱齿穿入两根纱，三二布在一尺三寸宽里有 320×2 根苎麻纱，四五布在一尺四寸宽里有 450×2 根苎麻纱，六八布以上在一尺五寸宽里有 680×2、750×2、920×2、1080×2 根苎麻纱；夏布主要分为粗布、中布和细布三个等级，三二布和四五布为粗布，六八布和七五布为中布，九二布以上为细布。粗布的经纬线要粗一些，按穿箱的数量决定所编布的幅宽，主要用于制作麻袋子、蚊帐、包装布和建筑装饰用布。中布多用作毯子布，也可做蚊帐和衣料。七百头以上的细布，多用于夏季衣料。除了上述平纹夏布外，还有一种罗纹布，罗纹布指三梭（五梭的很少），即丢一个胡椒眼的麻织布（胡织布），与平纹夏布编织法有差异且格局不同，主要用作蚊帐，由于没有订单，现在已没人制作罗纹布。

（2）湖南与江西

相关民国文献如下：

"万载品质为全省之冠，其庄式幅面，普通尺八及尺四两种，货色料有粗细，价目自有高低。"[1]

"种类虽多，大别之为高装、中装、粗装三种。高装质地精细平整，色白而有光泽，多作长褂及上等夏装之用；中装较次，多染

---

[1] 如楫.江西之夏布事业[J].实业导报（上海），1930(06)：3.

色供平民热季之需，如作为蚊帐、麻袋、包裹及漆布等原料。……抗战期间，外销绝望，舶来品亦输出不易，民生工厂，乃将夏布改良幅面，由一尺二扩至一尺八寸，漂白后印花，即作女人旗袍料，一时颇为风行。迨抗战结束，外货倾销，摩登妇女，又将弃如敝屣，即村姑农夫，莫不改穿洋布……营业一落千丈。"[1]

"夏布之幅宽及长度，随产地而不同，又同一产地，亦视布之品质而异，兹将各县夏布幅宽及长度表列于后。"[2]

据江西夏布织造技艺匠人宋志学介绍，江西的夏布，按其在规定的幅宽内的筘数表示，主要规格有180、200、220…1200筘，每一规格在前一规格基础上加一码，即20筘，筘板长度为70厘米，每一筘齿穿入两根纱，常用的为440…820筘。

据湖南夏布织造技艺传承人谭智祥介绍，湖南的夏布，按其在规定的幅宽内的筘数表示，主要规格为160、180、200、220…1400筘，每一规格在前一规格基础上加一码，即20筘，筘板长度为65厘米，每一筘齿穿入两根纱，常用的为560…800筘。

从以上叙述可以看出，四川、重庆、湖南、江西等各地之间夏布的规格不相同，其表述和计算方式都有差异（如表1-4）。四川与重庆称之为多少布，江西与湖南称之为多少筘；四川与重庆是在1.3~1.5尺的宽度里数经纱的根数，筘板的长度不固定，有长有短，根据所编布的幅宽而选择，筘板长度范围在65~85厘米之间。湖

---

[1]芳华.江西夏布[J].物调旬刊,1948(47):15.
[2]张勋.江西之苎麻及其加工品：夏布（续）[J].国际贸易导报,1936,8(10):101.

南与江西基本相同，都是固定筘板的长度，只是两地的长度不一样，湖南的筘板长度为65厘米，江西的筘板长度为70厘米，在筘板定宽里数经纱的根数。

表1-4 四川、重庆、湖南、江西在20世纪七八十年代以前的夏布规格

地区	规格	含义
四川、重庆	三二布、四五布、六八布、七五布、九二布、千零八十布	三二布在一尺三寸宽里有320×2根苎麻纱，四五布在一尺四寸宽里有450×2根苎麻纱，六八布以上在一尺五寸宽里有680×2…1080×2根苎麻纱
湖南	160、180、200…1400筘	长度为65厘米的筘板宽里有160×2、180×2…1400×2根苎麻纱
江西	180、200、220…1200筘	长度为70厘米的筘板宽里有180×2、200×2…1200×2根苎麻纱

对于各地的夏布规格，通过计算经纱密度，即每一厘米内有多少根经纱才能找到它们之间的对应关系。例如，四川、重庆的六八布在一尺五寸（50厘米）宽里有680×2根纱，每一厘米即有13.6×2根经纱；对于湖南的880筘，每一厘米排列13.5×2（880/65）根经纱；而江西的960筘，每一厘米有13.7×2（960/70）根经纱，940筘的每一厘米有13.4×2（940/70）根经纱。因此，四川、重庆的六八布相当于湖南的880筘和江西的940筘或者960筘。

1.5.3 20世纪七八十年代至今

20世纪七八十年代，夏布因大量出口日本和韩国，规格也按其需求而改变。日本和韩国对夏布密度的要求是按1平方英寸（平方英寸，面积单位，1平方英寸≈6.45平方厘米，下同）内经纱与纬纱的总根数而定，主要规格有80、90、95、105、110、120、128、135、140、150筘（条），也就是在1平方英寸内经纱与纬纱加起来的总根数分别为80、90…150根，单纱，每一筘穿入一根纱线。部分夏布规格实物样本如图1-4。在四川、重庆，已

80筘　　　　　　　　　95筘

105筘　　　　　　　　　120筘

● 图1-4 部分夏布规格实物样本（来源于夏布织造技艺传承人李俭康）

淘汰20世纪七八十年代以前的三二布等竹筘板，改为现在规格如80、90…150筘的钢筘板；在湖南和江西，有的继续沿用20世纪七八十年代的规格，最精细的布可达1400筘，而四川和重庆最精细的只有150筘，这给我们使用者造成很大的困惑。规格单位同为"筘"，如果仅从数字上看，湖南与江西的夏布筘数是重庆与四川的10倍左右（表1-4），两个区域的夏布质量不会差别那么大呀？有了这个疑问，才开始了夏布规格的梳理。

经过询问重庆、湖南、江西等地的夏布织造技艺传承人，才了解到夏布规格从清代到现在的变迁，可以说这一时期夏布规格是混乱的，没有统一标准。虽然单位同为"筘"，但其计算方法和单位长度都不一样。如表1-5所示，四川和重庆的规格按1平方英寸内经纱与纬纱的总根数来计算，而湖南和江西分别按长度65厘米和70厘米的筘板宽度里有多少根纱线来表示。在湖南和江西，根据客户的订单，经计算后选择对应的筘板。例如日本和韩国要求的规格是90筘（条），即1平方英寸内经纱与纬纱的总根数为90，如经纬纱的根数相同的话，在1英寸（约2.54厘米）内分别有经纱45根，纬纱45根，经纱密度为17.72根/厘米，湖南选择580（17.72×65/2）筘的筘板，江西选择620（17.72×70/2）筘的筘板。

表1-5 四川、重庆、湖南、江西当今的夏布规格

规格	规格	含义
四川、重庆	80、90、95、105…150筘	1平方英寸内经纱与纬纱的总根数
湖南	160、180、200…1400筘	长度为65厘米的筘板宽里有160×2、180×2…1400×2根苎麻纱
江西	180、200、220…1200筘	长度为70厘米的筘板宽里有180×2、200×2…1200×2根苎麻纱

织布的幅宽根据顾客需要而定，腰机只能织0.33～0.45米，一般为0.36米，出口韩国的布匹长度一般22米，日本24.6米，根据顾客需要也有织44米长的。

交易者对于现在的夏布规格是清楚的，他们知道怎样换算。而行业外的消费者，如果只听到筘的数量，就会产生疑惑。夏布规格有待统一规定并按要求执行。

2. 夏布流源

茫茫宇宙中生命是怎样诞生的？关于这个问题，流传着很多神话和起源理论。人类祖先曾是四足爬行动物，在爬行过程中都是低头前行，偶然抬头看见了不一样的世界，出于好奇，它们抬起前面两只足或者直立身体跳起来去抓取。经过漫长岁月的练习，那些具有好奇心、意志力和创新精神的爬行动物直立起来变成了我们人类的祖先。

当人类祖先在抬起前面两只足或者直立身体跳起来去抓取植物时，时而抓到叶子，时而抓破茎皮，从而积累了对植物的很多认识；他们站立起来以后，爬行时的后两只足自由行走，前两只足变成可以劳动的手。起初，他们只是将植物、树叶或兽皮披在身上，经过漫长岁月的寻觅和探索，又学会了利用植物表皮编结网衣，进一步将植物韧皮里的韧性纤维片抽出、撕细、结长，然后编织成衣物，他们自发地遵循从大到小、由外及里的规律研究自然和利用自然。

从中，我们看到了人类祖先的智慧和创新精神。

考古学家在旧石器时代山顶洞人的考古遗址上发现了骨针，这是目前已知纺织最早的起源。至新石器时代，纺轮的发明使得织丝更加便捷。[1] 人类祖先除了狩猎吃兽肉，将兽毛、兽皮、兽骨和兽筋用来做衣服和工具外，群居部落的人们也开始进行农业生产，种植作物和驯化动物，学会了打磨石器，制造陶器，用植物藤、茎和纤维编织生活物品。

夏、商、周三代以来，约四千多年中，中国古人的衣料大致在前三千年以丝、麻为主，之后的一千多年，逐渐转变为以棉为主，最近五六十年又以化纤为主。棉花是在宋代传入中国的，在宋之前，中原大地除了栽种粟、麦、稻等粮食作物外，主要栽种桑、大麻、苎麻等。我们祖先从什么时候开始从苎麻茎秆中抽取纤维绩织夏布？在没有文字记录以前，我们只能根据考古资料了解人类创造衣着材料的历史。因此，本章将从考古、典籍、诗歌和传说等方面梳理夏布绩织及其文化的起源和发展。

2.1 考古

中国历史上最早的有文字纪年的确切年代始于西周，在有文字记载以前，人类度过了一个漫长的原始阶段。在北京城西南周口店山顶洞人遗址里，考古专家发现了一枚距今已达18000多年的骨针。

---

[1] 王烨.中国古代纺织与印染[M].北京：中国商业出版社，2015：2.

骨针全长 82 毫米，直径 3.1～3.3 毫米，针尖锐利，针体圆滑，针孔窄小，说明山顶洞人远在旧石器时代已经初步掌握了缝制技能，开始不再赤身露体。人类在创造衣着的劳动实践中，经过漫长岁月的寻觅和探索，逐渐发现了植物中的韧性纤维用手搓捻后可以编织成衣物。自此直到 1890 年，我国苎麻纺织才告别手工时代，进入机械化生产时代。因此，在 19 世纪（清朝末）之前编织的苎麻布应该均为夏布。

西周开始才有文字纪年，且笔者查阅了很多遗址和古墓的考古文献资料，但遗址发掘简报中有纺织品或纺织残片遗物的并不多。考虑到很多遗址的年代跨度大，查阅考古文献至秦汉为止。

2.1.1 石器时代

（1）周口店遗址

在我国首都北京的西南郊 50 千米的地方，有一个名叫周口店的小镇，其东边的龙骨山上有远古人类居住过的四个地点，即北京人遗址（编号为第 1 地点、第 15 地点、第 4 地点）和山顶洞人遗址。其中的山顶洞人遗址位于北京人遗址的最上部，它不是一个独立的洞穴，与北京人居住的洞穴是互相连通的。可能当北京人在这里居住的时候，洞穴逐渐被堆积物填满，到最上部没有了通道，不得已才迁移了。又过了若干年，直到距今 18000 多年前，因侵蚀作用出现了新的洞口，山顶洞人才踏着北京人居住过的地面到这个洞里居住。

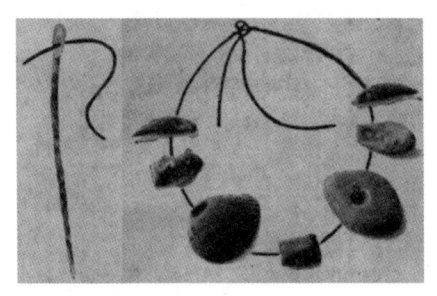

● 图2-1 骨针和装饰品

　　山顶洞人遗址，经过发掘可分为洞口、上室、下室、下窨四个部分。在下室发现了三具完整的人头骨和一些身上的骨骼，人骨周围散布有赤铁矿粉末，是当时墓葬的可靠标志。山顶洞人遗址发现最具代表性的文化遗物是一件骨针和一件装饰品（图2-1）。骨针长8.2厘米，只有火柴棒粗，针身微弯，刮磨得很光滑。一头是锋利的针尖，一头是用极为尖利的器物挖成的针眼，发现时针眼虽已残，但不难看出它的原貌。骨针的发现证明山顶洞人已经有缝制衣服的能力，不再赤身露体了。山顶洞人遗址里发现的装饰品有穿孔的兽牙、海蚶壳，钻孔的石珠、小砾石、鱼的眼上骨和刻沟的骨管。这些装饰品的发现证明山顶洞人的生产力比前人已有了提高，因为他们除了通过劳动维持基本生活外，还会有时间用其他动物的骨骼来装饰自己。装饰自己的目的可能是显示自己的英勇和智慧，也不免有讨异性喜欢的因素。[1]

[1]贾兰坡.周口店遗址[J].文物,1978(11):89-91.

（2）河姆渡遗址

河姆渡遗址位于杭州湾南岸，四明山和慈溪南部山地之间一条狭长的河谷平原上。遗址往西约20千米是余姚县城，往东约20千米是宁波市，其出土遗物呈现了中国长江流域下游以南地区古老而多姿的新石器时代文化，因余姚河姆渡村遗址发掘最早，故称作河姆渡文化。

河姆渡遗址出土了距今六七千年之久的大片干栏式木构建筑遗迹和极其丰富的动植物遗存，尤其是保存良好的反映稻作农业起源和发展进程的各类稻作遗存，此发现改变了已形成数千年的关于中华文化以黄河流域为中心起源的传统历史观，成为重现中国南方史前社会生产、生活状况最清晰的一扇窗口，体现了史前先民与自然和谐相处的生存智慧、匠心独具的工艺表现和古朴稚拙的心灵之声。[1]

从河姆渡遗址两次发掘的报告来看，属于人类制作的文化遗物有石、骨、木、陶等各种质料的生产工具、生活用具和装饰品，除了骨针外，还出土了苇编、纺轮、木卷布棍、骨机刀、木经轴等编织品和与纺织相关的器具（图2-2）。[2][3]据推测，这些可能属于原始织布机附件，显示新石器时代人们已发明了原始的机械木器，说

---

[1]孙国平.河姆渡遗址：远古江南缩影，桃源生活模样[J].浙江画报，2020(7)：18-23.
[2]浙江省文物管理委员会，浙江省博物馆.河姆渡遗址第一期发掘报告[J].考古学报，1978(1)：39-94.
[3]河姆渡遗址考古队.浙江河姆渡遗址第二期发掘的主要收获[J].文物.1980(5)：1-15.

纺轮　　　　　　　　　　　苇编

木卷布棍　　　　　　　　　　骨机刀

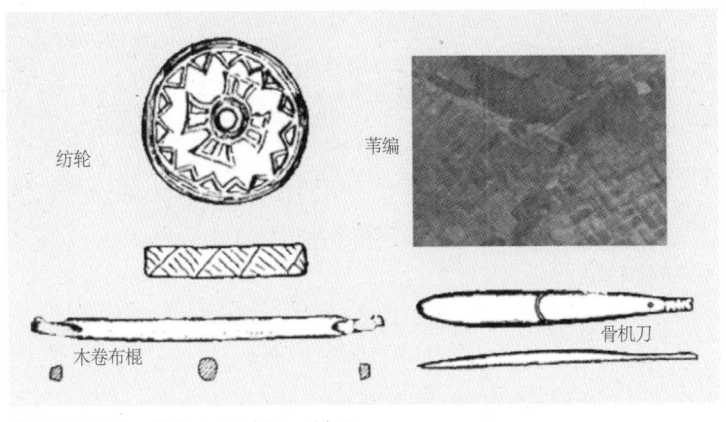

● 图 2-2 纺轮、苇编、木卷布棍、骨机刀

明距今约 6900 年前，木器已被广泛用于生产和生活的各个方面，木器制作技术已达到相当高的水平。

第二期发掘清理墓葬二十七座，大多数墓葬找不到墓圹，且不见葬具，只有木板垫底。人骨架保存甚差，有的朽成粉末状，难于区分性别、年龄，即使有骨架保存良好，但多半不全，不是无下肢骨就是不见头骨。笔者从一些文献里了解到"河姆渡遗址也出土了一些苎麻织物残片，由苎麻编制的草绳及苎麻的叶子"，但在河姆渡遗址两次的发掘报告中，未找到苎麻织物的相关信息，仅有的编织物是用芦苇编织的。人体除了骨骼，其他身体组织都已降解，因此即使死者穿了苎麻布衣服，长期在潮湿阴暗的环境下，跟身体的皮肤、肌肉和内脏器官一样，苎麻纤维大分子也可能发生降解而失原貌。根据此推理，遗址中未发现苎麻织物残片也是合理的。

麻布残片　　　　　　　　　　　细麻绳

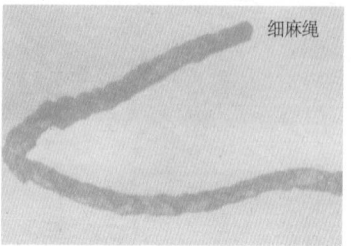

图 2-3 麻布残片和细麻绳

（3）浙江吴兴钱山漾遗址

浙江吴兴钱山漾遗址位于湖州市南 7 千米钱山漾东岸的南头。前后两次发掘的遗址中有大量的农业生产工具，有稻谷、芝麻、花生等八种农作物，还有一些牛、猪、狗、鹿、蚌等动物遗骨。这些东西构成新石器时代南方祖先的农业生产和生活场景，他们在植物的栽培和家畜的驯养方面已经积累了丰富的经验，进一步为定居生活的稳固提供了更大的可能性，在一定程度上摆脱了自然条件在生活上给予人们的种种限制。

同时出土的还有不少竹编织物、草编织物和丝麻织品。丝麻织品除一小块绢片外，全都炭化，但仍保有一定韧性，手指触及尚不致断裂。麻织品有麻布残片和细麻绳（图 2-3），麻布残片出土较多，其密度与现在的细麻布相当。经浙江省纺织科学研究所鉴定，这些麻布残片和细麻绳均为苎麻纤维，平纹组织，年代距今约 4700 年。

如此精细的丝麻织品的出现，标志着当时人们在种麻和纺织技术上已经获得巨大的成就，可能已经有了最简单的织机。[1]

2.1.2 夏商周

（1）河南偃师二里头遗址

河南偃师二里头遗址位于洛阳平原的东部，偃师西南约 9 千米的二里头村南。北面紧邻洛河，南面距伊河 5 千米，东、西两面是较低的平地。遗址处在两山和两河之间，自然环境良好，土地肥沃，极宜于人类的居住和生活。1959 年，试发掘找到了从龙山晚期到商代早期连续发展的三层文化堆积，根据遗物可分为早、中、晚三期。有些考古工作者认为河南龙山文化之后，郑州二里岗商文化之前的这一阶段，时间上大致相当于历史上的夏代，因而推测二里头这一类型的文化遗址可能属于夏文化。[2]

1960 年至 1964 年春季共做了八次正式发掘，这一次发掘的出土文物十分丰富。根据地层的堆积，陶器可以分为早、中、晚三期，三期之间有一定的区别，但属于一个文化类型。陶器的早期纹饰以篮纹为主，并有方格纹和细绳纹，中期以细绳纹为主，晚期以粗绳纹为主，出现了云雷纹和回纹等商代常见的纹饰。已出现属于文化艺术方面的陶塑品，如蛤蟆、龟、羊头，造型皆逼真生动。浅刻花

---

[1]浙江省文物管理委员会.吴兴钱山漾遗址第一、二次发掘报告[J].考古学报.1960（2）：73-91.
[2]中国科学院考古研究所洛阳发掘队.1959年河南偃师二里头试掘简报[J].考古，1961（2）：82-85.

● 图2-4 兽面铜牌饰和铜铃

纹有龙纹、蛇纹、鱼纹、蝌蚪形纹、饕餮纹、裸体小人象纹、云雷纹、圆圈纹和花瓣纹。其中以一件器座形器外壁的龙纹较为有代表性，龙纹共有两条，其中一条线条纤细流畅，已残缺，周身起鳞纹，巨眼，有利爪；另一条线条粗壮，也已残缺，一头二身，头朝下，眼珠外凸，在龙的头部附近饰有云雷纹，在龙的身体上面有一只小兔，仰卧，四足朝上。在浅刻的线条内部涂有朱砂，眼眶内并涂有翠绿色，雕刻精工，形象瑰丽，富有神秘的色彩，是一件很好的艺术品。[1]

遗址里有的尸体骨架保存完好，有的仅存下肢骨，其余的骨骼已朽。遗物在新石器基础上多了铜器，如兽面铜牌饰和铜铃（图2-4）。铜铃，素面，通高8.5厘米，周壁厚0.5厘米，顶部中间有两个方穿孔，夹一窄梁，一侧出扉，出土时已破碎，上面附着麻布，放置于墓主人胸腰之间。[2]

[1]方酉生.河南偃师二里头遗址发掘简报[J].考古,1965(5):215-224.
[2]杨国忠.1981年河南偃师二里头墓葬发掘简报[J].考古,1984(1):37-40.

(2)甘肃永靖大何庄遗址

甘肃省永靖县四周环山,地势窄长,黄河横贯其中。县境的两端都是峡谷,在两峡谷的中间地带是河谷平原,形成了一个长条形的永靖盆地。大何庄遗址属于商代早期遗址,部分骨架上发现有布纹的痕迹,说明死者是穿着衣服埋葬的,有的头部还用布遮盖。放在墓口的陶罐用布封口(罐口有布纹的痕迹),显然埋葬时罐内是放有东西的。说明当时的纺织业生产已有较高的水平,这不仅从出土的石、陶纺轮和骨针等方面可以得到证明,更重要的是在墓葬里发现了布纹的痕迹。布似麻织,有粗细两种,粗的一种,一平方厘米内有经纬线各11根;细的一种,其细密程度几乎可以与现代的细麻布相比。[1]

(3)福建武夷山白岩崖洞墓

武夷山位于绵亘闽赣两省的武夷山脉北段,地处福建省武夷山市(原崇安县)境内,群峰屹立,秀拔奇伟,是我国东南著名的风景胜迹之一。在武夷山的奇峰削壁上,多有自然裂隙和岩洞。武夷山白岩崖洞墓属于商代,其船棺里人骨架基本保存完整,纺织品残片原为死者穿着,出土时已腐烂炭化,仅剩若干残片。经上海纺织科学研究院鉴定,有大麻、苎麻、丝、木棉布四种质料。其中,苎麻纺织品为平纹组织,Z捻向,呈棕色,放大21.3倍如图2-5。[2]

---

[1]中国科学院考古研究所甘肃工作队.甘肃永靖大何庄遗址发掘报告[J].考古学报,1974(2):29-62.
[2]林钊,吴裕孙,林忠干,梅华全.福建崇安武夷山白岩崖洞墓清理简报[J].文物,1980(6):12-20,99.

● 图 2-5 苎麻残片放大 21.3 倍

2.1.3 春秋战国

(1) 江西贵溪崖墓

江西贵溪崖墓主要分布在贵溪市西南角的龙虎山镇鱼塘村仙岩一带。贵溪市境南部多山，为武夷山脉所蟠结，仙岩则坐落于武夷山脉北段。这里峰峦秀丽，洞谷幽奇，澄净碧透的上清河流贯穿其间。在距地面或水面 30 至 50 米高的悬崖峭壁上，有许多自然形成的大小不同、形态各异的洞穴，大部分崖墓都是利用这些天然岩洞而建造的。崖墓出土遗物 220 件，其中纺织器材有 36 件，包括纺织工具和纺织机件，具体如绕纱板、齿耙、经轴、夹布棍、刮麻具、分经棒、清纱刀、撑经杆、挑经刀、弓、打纬刀、刮浆板、提综杆、杼、梭、导经棍、绕线框、引纬杆、纺塼、理经梳，如图 2-6 所示。棺内出土的纺织品残片，经上海纺织科学研究院鉴定，分别为绢、麻布、苎布三种。苎布呈土黄色，经纬密度：经线 14 根 / 厘米，纬

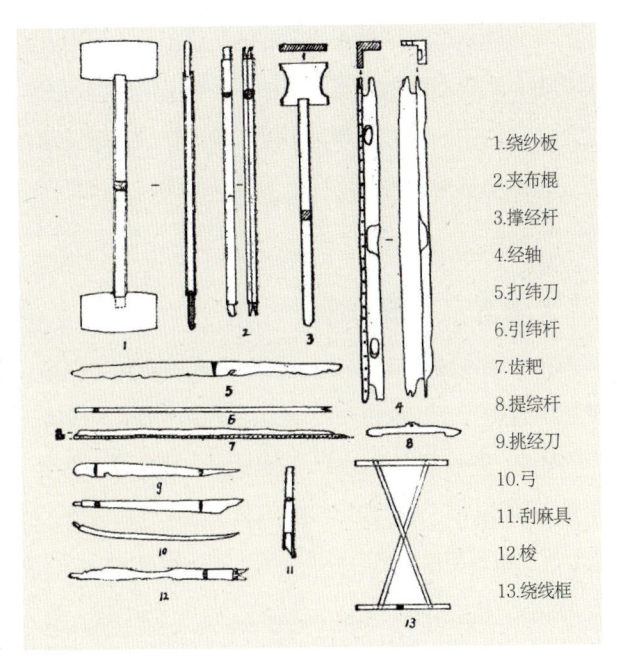

图 2-6 纺织器材

1. 绕纱板
2. 夹布棍
3. 撑经杆
4. 经轴
5. 打纬刀
6. 引纬杆
7. 齿耙
8. 提综杆
9. 挑经刀
10. 弓
11. 刮麻具
12. 梭
13. 绕线框

线12根/厘米。投影宽度：经线0.6～0.8毫米，纬线0.6～0.9毫米。经线二拈，纬线无拈。[1]贵溪崖墓出土的纺织器材，不仅数量较多，品种较全，而且都是实用原物，其中还有目前最早的印花织物；在发掘的14座墓中，有8座墓出土了纺织器材，经对其中6座墓的骨骼鉴定，除2座墓有男女异性外，其余4座墓，全为不同年龄的男性，由此证明当时不仅仅妇女，而且更多的男人也从事家庭纺织

---

[1]程应林,刘诗中.江西贵溪崖墓发掘简报[J].文物,1980(11)：1-25.

劳动，这些墓主生前就是这批用来随葬的纺织工具的使用者、纺织生产的劳动者；陶瓷器胎壁上刻画各种符号或文字，也是贵溪崖墓的特点之一；遗物中的两件木琴，不仅时代比较早，而且琴身长，琴弦也多。贵溪崖墓所获得的资料揭示了春秋战国之际武夷山地区古越族的历史侧面。

（2）云南晋宁石寨山遗址

石寨山在云南省昆明市晋宁城区西5千米，高出地平面20余米，西距滇池东岸约1千米。遗址在石寨山顶，是战国至汉代滇王及其家族臣仆的墓地，是石寨山文化最早发掘的具有代表性的遗存，先后五次被发掘。遗物中有一件鼓形飞鸟四耳器，此器作铜鼓形，体积较小，有盖有底，审其用途，当为一种盛器。盖上铸有2.5～6厘米高的小铜人18个，其中男性3人，女性15人。女性中最大的一人跪坐于一方形矮台上，身后有持杖男子一人侍立，似为护卫。其身前有捧盘跪侍者二人、立者一人，盘内盛肉食果品之类物，似皆为中

● 图2-7 鼓形飞鸟四耳器

坐者的侍从。外围则有织麻布和从事其他操作者9人环绕，又别有跪坐者4人。[1]织布妇女头盘髻，席地而织，有的正在捻线，有的正在提经，有的正在投纬引线，有的正在用木刀打纬，呈现了原始织机的编织过程。

从考古资料的梳理中可以看出纺织器具的发展轨迹，在旧石器时代只出现了骨针，新石器时代多了纺轮、木卷布棍、骨机刀、木经轴等与纺织相关的器具，甚至在新石器时代浙江吴兴钱山漾遗址中出土了苎麻织物残片，说明在新石器时代我们的祖先就开始利用苎麻纤维绩纱织布了。

夏商周时期出土遗物里出现了铜器和文化艺术品，说明社会生产力有了很大发展，尽管纺织器具跟新石器差别不大，但其绩织技艺达到了较高水平，出土的夏布几乎可与现代细麻布相比。

春秋战国时期，考古遗址里纺织器具全面且丰富，涵盖了夏布织造过程中用到的所有部件。云南晋宁石寨山遗址出土的盛器盖上，以生动逼真的铜像呈现了织布的过程。从妇女织布的形态看，腰束一带，席地而织，用足踩织机经线，靠腰背控制经纱的张力，展示了原始踞织机或腰机的概貌。踞织机的主要工具有前后两根横木，相当于现代织机上的卷布轴和经轴。它们之间没有固定距离的支架，而是以人代替支架；另有一把刀、一根较粗的分经棒与一根较细的提综杆。织造时，织工席地而坐，依靠两脚的位置及腰脊来控制经丝的张力；通过分经棒把经丝分成上下两层，形成一个自然的梭口，

---

[1]孙太初.云南晋宁石寨山古遗址及墓葬[J].考古学报,1956(1):43-63.

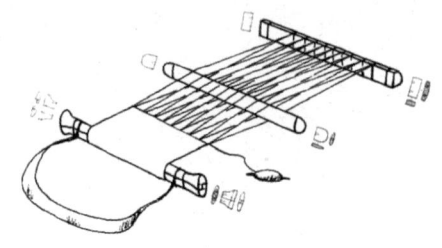

● 图 2-8 良渚织机（原始织机）的复原示意图[1]

再用竹制的提综杆从上层经丝上面用线垂直穿过上层经纱，把下层经纱一根根牵吊起来，这样用手将棍提起便可使上下层位置对调，形成新的梭口；当杼子带动纬纱穿过梭口后用木制打纬刀打纬。杼子可能是一根细木杆，也可能是骨针，上面绕有纬纱。这种原始织机已经有了上下开启织口、左右穿引纬纱、前后打紧纬密的三个方向的运动，它是现代织布机的始祖。（如图2-8）

2.2 典籍

中国的文字萌芽较早，在新石器时代仰韶文化的陶器上，就发现了各种刻画符号，成为中国文字的雏形，经过两三千年的孕育、发展，到了商代，中国的文字达到基本成熟阶段。殷墟出土的《卜辞》为商周时代刻在龟甲兽骨上的文字，也叫甲骨文、契文、龟甲文字、

---

[1]赵丰.良渚织机的复原[J].东南文化,1992(2):108-111.

殷墟文字，这些文字都是商王朝利用龟甲兽骨占卜吉凶时，刻写的卜辞和与占卜有关的记事文字，已发现的甲骨文单字在四千五百字左右，可认识的约一千七百字，其中就有丝麻的象形文字。而中国历史纪年的开始，尽管目前学术界正在推进"夏商周断代工程"，但是我国史学界现在仍以公元前841年作为中国历史有明确纪年的开始，此时正是中国历史上的西周时期，关于夏布的典籍文献资料主要从这一时期开始寻觅。

2.2.1 《诗经》

东门之池[1]

东门之池，可以沤麻。彼美淑姬，可与晤歌。
东门之池，可以沤纻。彼美淑姬，可与晤语。
东门之池，可以沤菅。彼美淑姬，可与晤言。

诗歌描述了一个小伙子在东门外的护城河遇见了心仪的姑娘，表达了心中欢快的情绪。诗歌分为三节，每节只改动两个字。但是从"晤歌"，到"晤语"，再到"晤言"，暗示着小伙子与姑娘之间的亲密程度在劳动的过程中不断加深。沤麻是一种艰苦的劳动，但是因为有机会与自己钟爱的姑娘在一起，艰苦的劳动就变成了温馨的相聚，歌声中也就自然而然地充满了欢乐。

这首诗出自《诗经》。诗中内容说明2600多年前的周代，就

---

[1]叶斌，注说.诗经[M].天津：天津人民出版社，2015：123-124.

已用自然发酵方法加工苎麻。苎麻经过揉洗梳理之后，得到比较长且耐磨的纤维，成为古时人们衣料的主要原料，织成麻布，裁制衣服。充分脱胶的白色细麻布，不加彩饰，是诸侯、大夫、士日常所穿。洗漂不白，保留麻色的粗麻布，就成劳动者的衣料了。因此，每年种植、浸洗、梳理大麻、苎麻，是春秋前后很长历史时期内农村的主要劳动内容之一。年年在护城河沤麻，年年有男女青年相聚劳动谈笑唱歌，《东门之池》这样欢乐的歌声，也会年年飘扬在护城河上。

2.2.2 《仪礼》

《仪礼》，简称《礼》，亦称《礼经》《士礼》，是春秋战国时代的礼制汇编，共17篇，内容记载了周代的冠、婚、丧、祭、乡、射、朝、聘等各种礼仪，以记载士大夫的礼仪为主。它是儒家传习最早的一部书，与《周礼》《礼记》合称"三礼"。该书告诉人们在何种场合下应该穿何种衣服，站或坐在哪个方向或位置，每一步该如何去做，等等。古代的仪节很多，曾有"礼仪三百，威仪三千"的记载，而流传的主要有17篇，即天子、诸侯、大夫、士日常所践行的礼有：士冠礼、士昏礼、士虞礼、士相见礼、乡饮酒礼、乡射礼、燕礼、大射礼、聘礼、有司彻、公食大夫礼、觐礼、丧服、士丧礼、既夕礼、少牢馈食礼和特牲馈食礼等。

《仪礼·丧服》篇记载人们对死去的亲属，依照远近亲疏不同，在丧服和居丧时间长短上确定种种差别的礼仪制度，即"天子以下，死而相丧，衣服、年月亲疏隆杀之礼"。不仅规定了居丧者的服饰，还包括居丧的时间和居丧期间生活起居的特殊规范。凡此种种，又以居丧者与死者血缘关系的亲疏而有或重或轻，或长或短，或繁或简的隆杀之别。《仪礼·丧服》里所规定的丧服，由重至轻，有斩衰、齐衰、大功、小功、缌麻五个等级，称为五服。五服分别适用于与死者亲疏远近不等的各种亲属，每一种服制都有特定的居丧服饰、居丧时间和行为限制。篇章里第一句话是："丧服，斩衰裳，苴绖杖、绞带，冠绳缨，菅屦者。传曰：斩者何不缉也。苴绖者，麻之有蕡者也。苴绖大搹，左本在下，去五分一以为带。齐衰之绖，斩衰之带也，去五分一以为带。大功之绖，齐衰之带也，去五分一以为带。小功之绖，大功之带也，去五分一以为带。缌麻之绖，小功之带也，去五分一以为带。苴杖，竹也。削杖，桐也……绞带者，绳带也。冠绳，缨，条属右缝。冠六升，外毕鍜而勿灰。衰三升。菅屦者，菅菲也，外纳……"[1]大意是丧服：把粗麻布斩裁做成上衰下裳，用粗麻做成麻带，用黑色竹子做成孝杖，用黑麻编成绞带，用六升布做丧冠，用枲麻做冠缨，用菅草编成草鞋。斩是什么？是不加缝不封边。衰亦作縗，是麻质丧服上衣，裳为下衣。苴绖，是用结籽的麻做成的麻带，系在头上的麻带长短为九寸；麻根放在左耳上边，从额前绕到项后，再回到左耳上边，把麻尾与麻根相接，麻根搭在麻尾上，根朝外；把斩衰的头带裁去五分之一就是斩衰的腰带。齐衰的头带和斩衰的腰带长短相同，把齐衰的头带裁去五分之一就是齐衰的腰带，以此类推，缌麻的头带和小功的腰带长短相同，把缌麻的头带裁去五分之一就是缌麻的腰带。父亲去世，用竹

---

[1]仪礼[M].崔高维，校点.沈阳：辽宁教育出版社，2000：78.

子做孝杖，母亲去世，用桐木做孝杖；孝杖的高度与孝者胸部平齐，都是根部在下。绞带就是绳带。用一条绳子系住丧冠，从前额绕到项后相交，再到耳旁，最后结在颐下；丧冠用六升布做成，其褶皱缝在右边，冠的前后两头在冠带下，向外反折缝在冠带上。菅屦是用菅草编的草鞋，编完后把余头向外打结。

不同等级的居丧服饰由不同规格的麻布制作，等级越高，麻布越粗，等级越低，麻布越细。例如，在最高等级的斩衰服制中，斩衰裳用每幅（2.2尺）三升或三升半（八十缕为一升）的最粗的生麻布制作，都不缝边，简陋粗恶，用以表示哀痛之深。斩衰裳并非贴身穿着，内衬白色的孝衣，后来用麻布片披在身上代替，所以有披麻戴孝的说法。而最低等级的缌麻丧服则用当时最细的每幅十五升的麻布抽去一半麻缕后制作。

丧服制度具有等级分明和形式繁缛的特点，与宗法制度密切相关，其中许多内容由国家法典规定，还有许多内容在民间相沿成俗，反映了宗法社会中人们的伦理思想和宗教观念，是古代文化的重要组成部分。丧服制度也是服饰制度中重要的组成部分。在丧服制度中，丧服形式及服丧时间皆依据血缘和社会地位确定，表现出一种严格的贵贱与亲疏等级，体现出周代宗法等级的完全形成。丧服制度体现了以父权为中心的家庭等级关系、血缘亲疏关系、尊卑关系等，是贵贱等级与亲疏等级的结合，对社会秩序起到了稳固作用，对人们思想的禁锢作用巨大，以至于成为一种不自觉的习惯。[1]

---

[1]吴爱琴.先秦服饰制度形成研究[M].北京：科学出版社，2015：6.

2.2.3 《周礼》[1]

《周礼》，原名《周官》，后世或又称其为《周官礼》，是西周时期著名的政治家、思想家、文学家、军事家周公旦所著，内容极为丰富。凡邦国建制，政法文教，礼乐兵刑，赋税度支，膳食衣饰，寝庙车马，农商医卜，工艺制作，各种名物、典章、制度，无所不包，堪称上古文化史之宝库。《周礼》分为六类职官：天官冢宰、地官司徒、春官宗伯、夏官司马、秋官司寇和冬官司空。

①《周礼·天官冢宰·典妇功/夏采》里记载："典枲掌布缌、缕、纻之麻草之物，以待时颁功而授赍。及献功，受苦功，以其贾楬而藏之，以待时颁，颁衣服，授之。赐予，亦如之。岁终，则各以其物会之。"

典枲掌管制作细而疏的麻布（缌）、麻线和纻布等由麻类植物制作的物品，按季节和制作顺序将材料分给女工们。女工们制作完成后，就接受她们所献的麻织品（麻线和布），依照价值贴写标签而加以收藏，以待随时颁发给需用者。到颁发衣服的时候，就授给领取的人。王赏赐臣下的麻织品也这样由典枲授给。年终，按制作的麻织品质量和数量进行结算。

由此可以看出，在距今3000多年前，夏布的绩织工艺就很成熟了，宫廷有专门的机构负责管理从苎麻植物中抽取麻纤维、绩麻和织布，并根据苎麻成熟时间和夏布绩织工序分配工作，在那个年代就开始了分工协作。

---

[1]周礼[M].崔高维,校点.沈阳:辽宁教育出版社,2000:17-92.

②《周礼·地官司徒》里记载:"掌葛掌以时征绤纷之材于山农。凡葛征,征草贡之材于泽农,以当邦赋之政令,以权度受之。掌染草掌以春秋敛染草之物,以权量受之,以待时而颁之。"

掌葛负责按时向住在山里的老百姓征收制作葛布的原材料葛藤,向住在水泽地区耕地的老百姓征收制作麻布的原材料大麻和苎麻,用作上缴国家的赋税,称量轻重长短而接受征收物。掌染草掌管春秋季节征收的可用作染料的植物,用秤称量轻重而后收纳,以待用时颁授给染布人。

在古代,普通老百姓主要以葛藤、大麻和苎麻为原材料来制作服饰面料,正因为普及,朝廷以此作为赋税物品就比较容易实现。

③《周礼·冬官考工记·总叙》里记载:"国有六职,百工与居一焉。或坐而论道,或作而行之,或审曲面执,以饬五材,以辨民器,或通四方之珍异以资之,或饬力以长地财,或治丝麻以成之。坐而论道,谓之王公;作而行之,谓之士大夫;审曲面执,以饬五材,以辨民器,谓之百工;通四方之珍异以资之,谓之商旅;饬力以长地财,谓之农夫;治丝麻以成之,谓之妇功……知者创物,巧者述之守之,世谓之工。百工之事,皆圣人之作也。"

国家有六类职业,百工是其中之一。安坐而谋虑治国之道的,是王公;具体制定并执行治国之道的,是士大夫;审视材料的曲直、方圆,以加工整治材料,制作成民众所需器物的,是百工;使四方珍异物品流通以供人们购取的,是商人;耕耘土地而使之生长财富的,是农夫;纺绩丝麻而制成衣服的,是妇功……智慧的人创造器物,心灵手巧的人循其法式,守此职业世代相传,叫做工。百工制作的器物，都是圣人创造的。例如，熔化金属而制作带利刃的器具，使土坚凝而制作陶器，制作车而在陆地上行进，制作船而在水上行驶，这些都是圣人的创造。

在古代，绩麻织布做衣服等工作在整个社会生活中占有重要的地位，为国家六类职业之一。从妇工这类职业的名称可以看出，绩麻织布做衣服这些工作大都由女人操作。智慧的人发明创造器物，这样的人被称为圣人，是对科技的认可和奖赏，对创新事物的推崇。

2.2.4 《战国策》

《战国策·齐策四》里记载："后宫十妃，皆衣缟纻。"[1] 缟纻，即白色的生绢与未经染色的本色精细苎布。在古代穿苎麻纤维纺织成的夏布，通常是素色的，即为白色。传统舞蹈节目《白纻舞》，即为模仿古代宫女身着白纻衣的跳舞表演。

2.2.5 《汉书》

《汉书》是我国第一部纪传体断代史，由东汉时期史学家班固编撰，前后历时二十余年。《汉书》是继《史记》之后中国古代又一部重要史书，与《史记》《后汉书》《三国志》并称为"前四史"。《汉书》全书主要记述了上起汉朝西汉的汉高祖元年（公元前206年），下至新朝王莽地皇四年（23年）共229年的史事。

《汉书·高帝纪》里记载："春三月，行如洛阳。令吏卒从军

---

[1]战国策[M].高诱,注.北京:商务印书馆,1987:93.

至平城及守城邑者皆复终身勿事。爵非公乘以上毋得冠刘氏冠。贾人毋得衣锦绣绮縠絺纻罽,操兵,乘骑马。"[1]

意思是春三月,皇上前往洛阳。下令从军到平城的官兵及守城邑的人,都免赋役终身。爵不在公乘以上的,不得戴刘氏冠。商人不得穿锦、绣、绮、细葛布和苎布等材料制作的衣物,不得携带兵器,不得乘车骑马。秦汉时期,公族爵位有二十等,公乘为第八级,由此可见,在麻类绩织物中,苎布和细葛布属于高档面料,只有八级以上的公族爵位才可以穿。而粗葛布和大麻布才属于普通老百姓日常穿着的服装面料。

2.2.6 《越绝书》

东汉袁康、吴平著,以春秋末年至战国初期吴、越争霸的历史事实为主干,上溯夏禹,下迄两汉,旁及诸侯列国,对这一历史时期吴越地区的政治、经济、军事、天文、地理、历法、语言等多有所涉及。《越绝书》里记载:"麻林山,一名多山。勾践欲伐吴,种麻以为弓弦,使齐人守之,越谓齐人'多',故曰'麻林多',以防吴。以山下田封功臣。去县一十二里。"[2]

麻林山,又叫多山。勾践准备讨伐吴国,种麻用以制作弓弦,派遣齐国人守护,越人称齐人为"多",所以叫"麻林多",是为了防备吴国。勾践又把山下的田地分封给功臣。距离都城十二里。

---

[1]班固.汉书[M].李士彪,张文峰,译注.济南:山东画报出版社,2012:95.
[2]袁康,吴平.越绝书[M].长春:时代文艺出版社,2008:70.

由此可见，苎麻纤维强度高，古人不仅将其绩织麻布缝制衣裳，还用来制作工具，甚至兵器。

2.2.7 《礼记》[1]

又名《小戴礼记》《小戴记》，是中国古代一部重要的典章制度书籍，儒家经典著作之一。西汉礼学家戴圣对秦汉以前各种礼仪著作加以辑录，编纂而成，共四十九篇。其中《礼记·礼运篇》中记载："昔者先王，未有宫室，冬则居营窟，夏则居橧巢。未有火化，食草木之实，鸟兽之肉，饮其血，茹其毛。未有麻丝，衣其羽皮。后圣有作，然后修火之利。范金，合土，以为台榭、宫室、牖户；以炮，以燔，以亨，以炙，以为醴酪。治其麻丝，以为布帛。以养生送死，以事鬼神上帝。皆从其朔。"

在上古先王之时，没有宫室一类建筑，冬天就住在土垒的洞穴里，夏天就住在棍棒搭成的巢窠里；那时候还不懂得制作熟食，过着茹毛饮血的日子；那时候还不知道麻丝可以织布作衣，就披上鸟羽兽皮当衣服。后来有圣人出世，才懂得火的种种作用，于是用模型铸造金属器皿，和合泥土烧制砖瓦，用来建造台榭、宫室和门窗；又用火来焙、来烧、来煮、来烤，酿造甜酒和醋浆。又利用丝麻，织成布帛，用来供养活人，料理死者，以及祭祀鬼神和上天。

---

[1]戴圣.礼记[M].长春：时代文艺出版社，2000：100.

2.2.8 《小尔雅》

该书是汉代孔鲋编著的训诂学著作,仿《尔雅》之例,对古书中的词语做了解释。原本不传,今所谓《小尔雅》是《孔丛子》的一篇。其《小尔雅·广服》曰:"治丝曰织。织,缯也。麻、纻、葛,曰布。布,通名也……缯之精者,曰缟。缟之粗者,曰素。葛之精者,曰绨;粗者,曰绤。"[1] 麻、纻、葛即为大麻、苎麻和葛藤,由这三种原料制作的通称为布,但绨绤是由葛藤经过工艺处理后绩织而成的。而对于夏布,古代称之为纾(纻)、芓(苎)布。

《古今事物考》卷六整理了《小尔雅》的内容,其《大衣》曰:"商周之代,内外命妇服诸翟。唐则裙襦大袖为礼衣。实录曰:太祖制妇服,身与衫子齐,而袖大以为礼服,疑即此也。国朝命妇大袖衫真红色。五品以上,用纻丝绫罗;六品以下,用绫罗绸绢。"[2]

国朝命妇的礼服,大袖衫用真红色。五品以上用纻丝绫罗面料,六品以下用绫罗绸绢。由此可见,在古代,除了绫罗丝,细的苎麻布也是高档面料,只有五品以上才能领用。而大麻布才是普通老百姓穿的麻布衣裳。

---

[1]杨琳.小尔雅今注[M].上海:汉语大词典出版社,2002:185-188.
[2]王三聘.古今事物考[M].上海:商务印书馆,1937:127.

2.3 古诗词

古诗词数量之多,要寻觅"苎麻"或"纻"字犹如大海捞针。以"苎麻""纻""纻布"为关键词,在古诗文网、瑞文网、古诗文和360个人图书馆等网页里找到五十首左右的诗词,笔者按诗词描写内容进行了简单归类。

2.3.1 描写麻布编织技艺

(1)《满庭芳·选子奇瑰》

满庭芳·选子奇瑰

[元]王哲

选子奇瑰,依时耪种,自然生发灵苗。风滋雨润,渐渐引枝条。长就方能钐刈,池隍沤、日变青梢。令人美,新鲜净洁,款款起皮膘。须教。韧作线,织成密布,一任槌敲。待伊家熟软,裁剪缝缭。做就仙袍甚稳,谁能挂、唯我堪消。成功行,六铢衣换,方显尔功超。

选好种子,按照节气播种耕作,依气候自然之时会长出幼苗。苗芽经过春风与细雨滋润,渐渐长出树枝嫩条。只有等待作物长成才能收割,在护城河中浸渍沤泡,经历时日,色泽变为淡青色。此时的麻条干净光洁,令人喜爱,可以轻易将表皮剥离。然后将之绩成线,织成细密的麻布,再用木槌敲打。等到麻布被捶打得轻熟柔软便可用来裁剪缝制。用麻布做成的道袍十分熨帖,谁能穿着? 只有我可以消受。能够成功完成这一系列过程，所织就的一件麻衣轻薄不过六铢，这才显得你本事超凡。铢，古代重量的度量单位，《说苑全译·辨物》曰："十六黍为一豆，六豆为一铢，二十四铢为一两，十六两为一斤。"[1] 六铢即为 576 粒小米黍，5 克左右。尽管文学有夸张手法，但轻如古人所云"轻纱薄如空""举之若无"，反映出元朝绩麻和织造技术相当高，现在已没有人能绩出如此细的麻线，因而也无法编织出如此轻盈飘逸的夏布了。

（2）《白纻歌》

白纻歌

[宋]谢翱

江头蓬沓走吴女，浣水为花朝浣纻。昼随晴网晒日中，夜覆井阑飘白露。

织成素雪裁称身，夫为吴王戍柏举。田家岁绩供布缕，独夜诋如妾愁苦。

（3）《白苎歌》

白苎歌

[宋]戴复古

雪为纬，玉为经。一织三涤手，织成一片冰。

清如夷齐，可以为衣。陟彼西山，于以采薇。

---

[1]刘向.说苑全译[M].王锳，王天海，译注.贵阳：贵州人民出版社，1992：777.

2.3.2 白纻辞

《白纻》是与《白纻舞》紧密结合的。《白纻舞》起源于吴地民间。吴地盛产白纻，织布女工在劳动之时以歌舞赞美自己的劳动成果，这便是最早的《白纻舞》。又由于白纻的质地轻白细腻、皎洁如银，很适合制作舞服，因此《白纻舞》在吴地迅速流行起来。晋南北朝时期，宫廷享乐盛行，《白纻舞》也由朴素的民间乐舞逐渐进入宫廷，至萧梁时期成为著名宫廷乐舞。发展至唐代，《白纻》并非皆有舞姿，在许多时候只是用于清唱。《白纻辞》作为乐府古辞，在发展中也如大多数乐府歌辞一样，最终成为单纯的案头文学作品。[1]

(1)《白纻歌》

白纻歌

[唐] 张籍

皎皎白纻白且鲜，将作春衣称少年。
裁缝长短不能定，自持刀尺向姑前。
复恐兰膏污纤指，常遣傍人收堕珥。
衣裳著时寒食下，还把玉鞭鞭白马。

苎麻夏布洁白而光亮柔和，将要用它为年轻的丈夫制作春天的衣衫。不能确定衣衫的裁剪缝制长短，手持剪刀和尺子来到小姑子

---

[1]杨名.论《白纻舞》的发展与唐代《白纻辞》的创作[J].西昌学院学报（社会科学版），2014,26(1):19-23.

面前请教。又恐怕润发油弄污纤细的手指，经常叫旁边站立的丫鬟收拢垂坠的耳饰。等春衣制好，寒食节就到了，夫婿穿着雪白的新长衫手持玉鞭跨上白马。

这首《白纻歌》，描写一位小康人家的新婚少妇，裁一袭白纻春衫，是为了寒食时节着新衣骑马出游。兰膏、堕珥、玉鞭、白马皆可说明这少妇家境颇好，在寒食节穿的衣服应该是比较时尚和有品位的。由此映射出优质的苎麻夏布在唐朝深受有钱人的喜爱。

（2）《白纻辞三首》

白纻辞三首（节选）

[唐] 李白

扬清歌，发皓齿，北方佳人东邻子。
且吟白纻停绿水，长袖拂面为君起。

（3）《白苎辞》

白苎辞

[明] 童佩

秋风起，白露垂。
天涯客子夜索衣，
箧中惟有江南苎，
一片银丝万行泪。
犹是前年暮春寄，

寄时不为秋风寒,

此夜却同秋月看。

(4)《白苎词》

白苎词

[明]邱云霄

白苎初成三月时,机中少妇悲别离。

欲裁白苎作郎衣,想像郎身宜不宜。

尺上尺下心转苦,抱向姑前问裁处。

姑云笥里有旧裳,好将刀尺寻规矩。

引针解线结不开,添得愁心乱如缕。

默默灯前理素纱,起头忽见灯结花。

拟是郎归喜不定,翻针刺手指头麻。

颠来倒去缝不成,邻家戛戛鸡争鸣。

平明开门得郎信,郎在交河万里城。

2.3.3 描写平民生活

(1)《山中寡妇》

山中寡妇

[唐]杜荀鹤

夫因兵死守蓬茅,麻苎衣衫鬓发焦。

桑柘废来犹纳税,田园荒后尚征苗。

时挑野菜和根煮,旋斫生柴带叶烧。

任是深山更深处,也应无计避征徭。

诗歌大意是丈夫因战乱死去,留下妻子困守在茅草屋里,穿着粗糙的苎麻衣服,鬓发枯黄,面容憔悴。桑树柘树都荒废了,再也不能养蚕,却要向官府缴纳丝税,田园荒芜了却还要征收青苗捐。经常挑些野菜,连根一起煮着吃,刚砍下的湿柴带着叶子一起烧。任凭你跑到深山更深的地方,也没有办法可以躲避赋税和徭役。唐朝末年,朝廷上下,军阀之间,连年征战,造成"四海十年人杀尽"(《哭贝韬》),"山中鸟雀共民愁"(《山中对雪》)的悲惨局面,给人民带来极大的灾难。诗人把寡妇的苦难写到了极致,造成一种浓厚的悲剧氛围,从而使人民的苦痛、诗人的情感,都通过生活场景的描写自然地流露出来,产生了感人的艺术力量。普通老百姓身着粗糙的苎麻衣服,与张籍《白纻歌》里有钱人穿的洁白光亮的白纻形成鲜明的对比。也说明夏布在古代深受大家的喜爱,只是每个阶层所穿夏布的等级不一样。

(2)《四时田园杂兴》

四时田园杂兴

[宋]范成大

昼出耘田夜绩麻,村庄儿女各当家。

童孙未解供耕织,也傍桑阴学种瓜。

(3)《插田歌》

插田歌（节选）

[唐]刘禹锡

冈头花草齐，燕子东西飞。田塍望如线，白水光参差。农妇白纻裙，农夫绿蓑衣。齐唱田中歌，嘤伫如竹枝。……省门高轲峨，侬入无度数。昨来补卫士，唯用筒竹布。君看二三年，我作官人去。

(4)《湖边采莲妇》

湖边采莲妇

[唐]李白

小姑织白纻，未解将人语。
大嫂采芙蓉，溪湖千万重。
长兄行不在，莫使外人逢。
愿学秋胡妇，贞心比古松。

(5)《禽言六首·其四》

禽言六首·其四

[明]魏称

脱却破裤，脱却破裤，破裤系身谁不恶。
加税青黄不接时，杼轴卖空谁织布。

(6)《贫女曲》

贫女曲

[宋]陈舜俞

贫女四十无人问,不傅铅华水梳鬓。
非关颜色不如人,不肯出门羞失身。
零落床头旧机杼,池水沤麻还织布。
布成不卖市中儿,金刀剪雪自裁衣。

(7)《戏文·张协状元》

戏文·张协状元(节选)

[元]佚名

(末)照你个脸儿。(净)张小娘子,你如今莫烦恼,胡乱在我家中睡。日里织些布,夜里绩些麻;秋间收些炭,春到采些茶,冬天依旧忍冻,夏日去钓黑麻。

(8)《闻蛩有感》

闻蛩有感(节选)

[宋]张耒

鸣机夜织常怨寒,白纻吴衫苦轻薄。
年年促织谁最悲,堂上美人愁翠眉。

2.3.4 描述情感

在生活中，人与人之间、人与社会之间、人与环境之间就像一张网，相互关联，错综复杂，生活现象和人心也随之异彩纷呈。情感就是在生活现象与人心的相互作用下产生的感受。因此，将描写如夫妻之间的情感、恋人之间的情感、个人情感，如离别、怀才不遇等的诗词归为一类。

(1)《鹧鸪天·送廓之秋试》

鹧鸪天·送廓之秋试

［宋］辛弃疾

白苎新袍入嫩凉。春蚕食叶响回廊。禹门已准桃花浪，月殿先收桂子香。

鹏北海，凤朝阳。又携书剑路茫茫。明年此日青云去，却笑人间举子忙。

(2)《望江南·赋画灵照女》

望江南·赋画灵照女

［宋］吴文英

衣白苎，雪面堕愁鬟。不识朝云行雨处，空随春梦到人间。留向画图看。

慵临镜，流水洗花颜。自织苍烟湘泪冷，谁捞明月海波寒。天澹雾漫漫。

(3)《江南曲》

江南曲（节选）

[唐]张籍

江南人家多橘树，吴姬舟上织白纻。
……
江南风土欢乐多，悠悠处处尽经过。

(4)《怯暖》

怯暖

[宋]王镃

怯暖新裁白苎衣，棋声深院客来稀。
春风无力晴丝软，绊住杨花不肯飞。

(5)《赠李隐士》

赠李隐士

[宋]释行海

白苎为衣草结庐，相逢犹问世何如。
每弹山水忘忧曲，懒上王侯自荐书。
白眼鸥边窥宇宙，清樽（罇）月下宴樵渔。
时情任似长亭柳，才向秋风日日疏。

(6)《暇日登东冈》

暇日登东冈

[宋]陆游

双屦青芒滑，轻衫白苎凉。
云生半岩润，麝过一林香。
童子持棋局，厨人馈粟浆。
归来更清绝，淡月满林塘。

(7)《谒金门·留不得》

谒金门·留不得

[五代]孙光宪

留不得，留得也应无益。白纻春衫如雪色，扬州初去日。
轻别离，甘抛掷，江上满帆风疾。却羡彩鸳三十六，孤鸾还一只。

(8)《减字木兰花·江南游女》

减字木兰花·江南游女

[宋]苏轼

江南游女，问我何年归得去。雨细风微，两足如霜挽纻衣。
江亭夜语，喜见京华新样舞。莲步轻飞，迁客今朝始是归。

(9)《渡海至琼管天宁寺咏阇提花三首》

渡海至琼管天宁寺咏阇提花三首

[宋]李刚

深院无人帘幕垂,玉英翠羽灿芳枝。
世间颜色难相似,淡月初残未坠时。

冰玉风姿照座骞,炎方相遇且相宽。
纻衣缟带平生志,正念幽人尚素冠。

阻涉鲸波寇盗森,中原回首涕沾襟。
清愁万斛无消处,赖有幽花慰客心。

(10)《吴兴三绝》

吴兴三绝

[唐]张文规

蘋洲须觉池沼俗,苎布直胜罗纨轻。
清风楼下草初出,明月峡中茶始生。
吴兴三绝不可舍,劝子强为吴会行。

(11)《白苎词》

白苎词

[元]傅若金

白苎白,白如霜。美人玉手亲自浣,制作春衣宜短长。

春衣成有时,远行归无期。愿君著衣重爱惜,风尘变白能为黑。

2.4 民间传说

民间传说是人民群众口头创作、传播,并与特定的历史人物或事件、地方风物等相关联的故事。传说通常不可靠,但黄克顺[1]认为民间传说是一方社群的集体记忆,是民间的无字道德教材,是民间教化的重要力量;薛洁等[2]认为民间传说具有经济社会效应价值,具有历史教育作用和现实意义。

2.4.1 夏布帐子的由来

远在唐朝的时候,汉族人因环境原因由西北及黄河一带移民到江西。那时候,长江以南的土地肥沃,没有人耕种,一些无名的野草就侵占了这块美好的土地,据说草长得比住屋还要高。同时,那

---

[1] 黄克顺.民间传说:百姓记忆、地方解释和民间教化——以毛坦厂民间传说为例[J].天中学刊,2011,26(3):91-93.
[2] 薛洁,侯梦莹.巴里坤汉族民间传说的特征、价值及其保护[J].石河子大学学报(哲学社会科学版),2017,31(4):100-106.

时候这处土地上的主人是飞蛾蚊虫,无顾忌地过着天然而自由的生活,一些移住在这地方的人民,遂被骚扰得每夜不能安眠。那时,万载县有一位农民兰思源,他用许多长叶子的杂草编成长方形挂在床上,使蚊虫不能飞进去。从此大家仿制,利用大自然的杂草做原始化的帐子,不过那种长叶子不很耐用,一年四季,得换上十多次,非常麻烦。后来,兰思源在杂草中找到了一种韧性很强的草皮(苎麻),把它制成帐子,可以用一两年不坏。于是,在江南开垦的人民,就利用苎麻编造东西,这样一直到宋朝,夏布已成为衣着上一种重要的质料。同时,编织苎麻也成了农民的一种副业,其质料方面一天比一天进步,它的用途也由做帐子到做衣服,再由做衣服到做装饰品。[1]

2.4.2 披麻戴孝

旧俗子女为父母居丧,要服重孝,如身穿粗麻布孝服,腰系麻绳等,叫披麻戴孝。之所以"披麻"是因为,古时麻布衣服,主要是指由粗糙的麻布面料制作的服装,其材质最差。亲人去世时披麻的意思就是此刻放弃享乐生活,以示哀悼。这里的披麻,最初指全身穿麻的服装,后来慢慢变成只"披"个麻制的物品。下面是几个披麻戴孝的传说故事。

第一个传说,人类的祖先还有一条尾巴的时候,老人活到五十岁,尾巴渐渐变黄,最后落掉就死了。儿孙发现老人尾巴黄了,在还没落掉之前就要把老人杀了,全家大小围着烹食,这叫尽孝。后

---
[1]王松年.关于夏布:想做夏布生意的人不可不读[J].商友(南昌),1947(8):25.

来，有一个老人活到六十岁的时候，尾巴已黄得就要掉了。他的儿孙纷纷议论："阿公尾巴黄得就要掉了，我们要有肉吃了。"老人听了很生气，心想：满堂儿孙都是我养育的，我身强力壮时，你们孝敬我，如今老了，就要宰了我，吃了我，是何道理。可又一想，自己以前不也吃过祖先的肉吗，真是厄运难逃了，只好偷偷躲进深山的石洞里。他的儿孙转眼不见老人，急得团团转，立即分头寻找，找了好几天总不见踪影，只好带着麻袋进山，既当席又当被，还能挡风避雨，好继续寻找老人。他们找呀找呀，找到第七天才在一个深山的石洞里找到老人，可他已经死了，尸身也开始腐烂发臭，闻不得也抬不得，两只眼睛还瞪得大大的，死不瞑目。见到的人都吓得魂不附体，有的吓昏在地，有的忙用麻袋盖着头、捂着鼻，放声大哭。亲戚和村邻也闻讯赶来，同样用自己的头巾遮脸捂鼻，陪着大哭。最后，他们就做了一个木盒子，由儿子将老人的尸体装进盒内，众人一人一把土，把老人埋在山上。这时，儿孙和亲戚邻居都悲痛未尽，还用麻袋和头巾遮盖着脸，痛哭着回家。他们有的哭老人死得很惨，有的哭自己没肉吃了。从此以后，人们渐渐改掉吃老人的陋习。老人死了，也效仿这种方式，用棺材收殓埋葬，儿孙披麻戴孝，亲人盖头巾为死者送葬，死后第七天要叫墓引魂回家，这种丧葬仪式成为一种风俗一直流传到现在。

第二个传说，在太行山南山，居住着一位早年丧夫的妇人。她有两个儿子，含辛茹苦地把他们养育成人，但他俩成家以后都不孝敬老母，还总是在娘面前夸口："等娘过了，要好好热闹一番，让娘睡楠木棺材，要穿红戴绿，为娘唱七七四十九天道场……"这位母亲知道他们说的是假话,想教育他们一顿,尽到做娘的责任。她一夜没合眼,终于想出个办法。第二天,她把两个儿子叫到床前说:"我死后不要你们花一文钱,用破草席把我一卷扔在阴水洞里就行了。不过你们要从今日开始,天天看着屋后面槐树上的乌鸦和山树林里的猫头鹰是怎样过日子的——一直到我闭了眼为止。"一听不花一文钱,他俩马上答应了。兄弟俩本来无心看什么乌鸦与猫头鹰过日子,但经老娘一提醒,出工收工时便不由自主地注意了起来。原来,乌鸦与猫头鹰都是细心地喂养自己的孩子,这些小家伙每天吃着妈妈用嘴衔来的食物。小家伙长大以后又是怎样对待生养自己的妈妈的呢?小乌鸦还不错。乌鸦妈妈老了飞不动,觅不到食,小乌鸦就让她待在家,自己衔来吃的填在它妈妈的嘴里;等到小乌鸦老了,又有它自己的孩子来喂养它。这样的反哺之情,代代相传。而小猫头鹰却截然相反,妈妈老得不中用了,小猫头鹰就把妈妈吃掉。令人伤心的是,小猫头鹰后来也被自己的孩子吃掉。这样反咬一口,一代吃一代。兄弟俩看了这样的情景,想着如今自己这样对待母亲,将来孩子也这样对待自己怎么办。于是,他们俩渐渐地改变了对母亲的态度。可是,兄弟俩孝心刚起,母亲却过世了,兄弟俩后悔莫及。为了表示愧疚和孝心,安葬那天,他们不是穿红戴绿,而是模仿乌鸦羽毛的颜色,穿一身黑色衣服,模仿猫头鹰的毛色,披一件麻衣,并下跪拜路。从此以后,这个风俗就逐渐流传开来。假如穷,买不起黑衣服,就裁一条黑布戴在胳膊上。[1]

---

[1]薛雁,徐铮.华夏纺织文明故事[M].上海:东华大学出版社,2014:16-17.

第三个传说，父母死后，孝子要披麻戴孝，手拄柳木哭丧棍，一路号啕大哭，送至坟茔。据说这风俗是孔子留下的，在河南淮阳一带流传。相传，孔子是个大孝子。一天早上，他正在陈国（今淮阳）弦歌台上向弟子们讲经，忽然从老家快马来报："先生，大事不好，老夫人得疾病过世了！"这噩耗如同晴天霹雳轰顶，孔子当即昏了过去。他醒过来后，抓了块白麻布当头巾，穿了件白袍当外套，随手拿一条捆书简的麻绳束在腰里，向子路、颜回简单嘱咐一句，就随来人火速往家奔丧。孔子到家后，扑到母亲床边跪下大哭。一连几天几夜，他没脱衣、没睡觉，一直啼哭不止。到送葬的时候，他哭得嗓子嘶哑，累得腰疼腿软，但还是要坚持送母亲到坟茔安葬。家人们只好给他找了一根柳棍当拐杖挂着，由一个人搀扶着他去给母亲送葬。一路上，他想着这一去就和母亲幽冥路隔，再无相见的机会了，不由哭得更加撕心裂肺、泣不成声、悲痛欲绝。孔子是出名的知书达理的大孝子，很受人尊重，所以来帮忙送葬的人很多，人们见孔子为母亲送葬的装束和样子，觉得好奇，就问一位见多识广的老者。老者想了半天，用手捋着长白胡子慢条斯理地说："白为素，素为净，净为纯，纯为真。夫子披麻戴孝是要表示他对母亲的一片至纯至真的孝心。他手里的柳木棍叫哭丧棍，是表示父母死后，失去依靠，自己连行走都不方便了，只得拄棍子了。你们看到夫子的鞋后跟没提上，那也有个讲究呢，是说父母的丧事是天下第一要紧的事，急得连鞋跟也顾不上提呢！"人们觉得老者说得很有道理，于是，孔子披麻戴孝、拄柳木棍、趿拉鞋子为母亲送葬成了淮阳一带人们效法的对象,并越传越远。久之,都固定为不可更改的殡葬礼仪,一直流传至今。[1]

2.4.3 夏布交易"鬼市"

相传,古代有一位叫罗隐的秀才,有一年进京参加会试,路过昌州府荣昌县时,途中一阵内急,便后发觉未带手纸,于是,顺手在田边扯下麻叶应急,用后疼痛难忍,他气愤地发誓说:"待我高中后,定要将你千刀万剐!"罗秀才进京会试一举成名,回乡途中再次路过荣昌县时,就叫麻农们将收割后的麻秆用刀割刮麻成丝,并在青天白日之下进行交易,因此夏布编织过程中就有了刮麻这第一道工序。麻农们觉得心中十分不忍,对罗秀才说:"你已经对麻进行惩罚,就请不要再让它暴露在青天白日下吧。"罗秀才动了恻隐之心,于是吩咐麻农们择时进行交易。因此,上千年以来,荣昌的麻线交易均在凌晨三点到五点进行交易,天亮之前结束,俗称"鬼市"。

2.5 民谣

民谣,即民间歌谣,多与人民的社会生活和时事政治有关,是人民群众在长期的劳动、生活实践中,为了表现自己的生活,抒发自己的感情,表达自己的意志与愿望而创作。在过去,劳动人民有很多不识字,更不懂谱,但他们却用口口相传的方式编唱自己的歌

---

[1]弋戈."披麻戴孝"的来历——古代丧葬制度考证[J].中国社会保障,2017(3):66.

曲，以满足生活的需要。在重庆的荣昌和四川的隆昌一带，就流传着很多与夏布编织相关的歌谣。

麻布神歌·织布谣

幺妹要勤快，勤快要绩麻。
三天麻篮满，四天崩了架。
幺妹紧忙挽芋子，请得机匠就编麻。
请个机匠二跛跛，长打羊角短打滑。
几天才把麻编好，编好才能把浆刷。
染好麻布做衣衫，青蓝白色有配搭。
幺妹穿起像天仙，扭动腰身乐哈哈。
咿哟喂，幺妹呃，穿起活像天仙女，
情哥哥他直是夸……

劝妹子

三月杨柳青又青，妹姐讲话莫大声。
有事赶紧做，有食勿爱争。
爱听话，爱孝道，爷娘面前莫拗爆。
敬大嫂，敬阿哥，哥嫂有错莫挑唆。
惜老妹，惜老弟，做大姐的勿爱歪。
学绩麻，学纺棉，热天冷天有包缠。
勤织布，勤喂蚕，后来行嫁有嫁妆。

上面两首民谣呈现在荣昌夏布博物馆的墙上，反映了"荣、隆"两地人民的生活状态、伦理道德和婚恋习俗。

江西新余一带也有传唱了几百年的民谣："青青的叶子白白的纱，青青白白是苎麻，哥哥上浆妹妹织，织出夏布走天下。"这首民谣简明朴实地描绘了苎麻、苎麻纤维和夏布的特性——青青白白，夏布走天下——生动形象。

2.6 小结

①旧石器时代出土骨针，新石器时代多了纺轮、木卷布棍、骨机刀、木经轴等与纺织相关的器具和苎麻织物残片，证实了我们的祖先在新石器时代就开始利用苎麻纤维绩纱织布了。

②并不是所有的麻布都指代平民。精细的苎麻布为贵族所用，从古籍可以看出，苎麻布多次出现于贵族服装的描述中，如"后宫十妃，皆衣缟纻""贾人毋得衣锦绣绮縠缔（絺）纻罽""五品以上，用纻丝绫罗"等。

在古代文献里，麻布指的是由大麻织成的布，纻指的是苎麻布，缔绤分别指葛布的细布和粗布，指代是明确的。但我们现在的麻布有广义的概念，是麻类植物韧皮纤维纺织成布料的总称。因此，在描述具体的麻类纤维或布料时，应该清楚地标明是大麻还是苎麻，避免造成概念的混乱。

③古代绩麻和编织技术高超到我们无法想象的地步。描写夏布编织技艺的诗词《满庭芳·选子奇瑰》里记载"六铢衣换，方显尔功超"，六铢即为576粒小米，5克左右，尽管文学有夸张手法，但夏布轻如古人所云"轻纱薄如空""举之若无"。

3. 夏布织造技艺

苎麻，中国栽培历史最悠久的作物之一，素有"中国草"之称，距今已4700年以上。在几千年的历史长河中，我们的祖先们善于观察、实践和创新，不断地认识、利用和改造自然，将苎麻从根、茎到叶都充分利用：根入药，茎织布，叶作饲料。苎麻吸收土壤之养分，在合适的温湿度环境中亭亭玉立地生长；苎麻纤维也在茎皮中成形，经过打麻、绩纱、挽麻团或麻芋子、上浆掐缟、穿筘梳布、纵布织布等一系列工序，一丝一缕从工艺人手中滑过，最终绩织出古朴的夏布。在更加强调速度和效率的今天，这种手工制作逐渐成为过去，其织造技艺于2008年被评为国家级非物质文化遗产。站在古老的织布机前，对于承载着历史文化内涵和祖先智慧的夏布，笔者的思绪在过去和未来之间流淌，梳理夏布织造技艺，也是希望在未来智能时代里能继续传承这些手工技艺的工匠精神、温暖和情感。

笔者所查阅的大部分资料显示，夏布生产在绩织过程中，主要经过打麻、挽麻团或麻芋子、牵线、穿筘、刷浆、织布、漂洗及整形、印染等工序。但经过实地调研学习，发现这些阐述里缺少了几个很关键的技艺，如捡绺、梳布和纵布等。本书将夏布绩织过程归纳为打麻、漂麻、绩纱、挽麻团或麻芋子、上浆捡绺、牵拉收链、穿梳筘、梳布、穿编筘、纵布、打绺和织布等工序。漂洗、整形和印染是根据夏布不同的用途进行的后整理与加工工序，因而没有将此归入夏布的绩织工序。

3.1 打麻

打麻是将麻纤维从苎麻的韧皮（麻皮）中取出。苎麻茎秆的断面构造，从打麻来讲，可分为麻壳、纤维层和麻骨三部分。[1] 纤维层在麻壳与麻骨之间，打麻的目的，就是去掉茎秆上的叶子、花果与茎秆中的麻骨、麻壳和大部分胶杂物质，获得纤维（即原麻）。原麻品质受纤维细度、强力、斑疵、红根、胶杂质含量、柔软度、长度、整齐度、色泽、水分等多种因素影响，这些因素与品种、栽培、环境条件、剥制加工技术都有关系，尤其与品种和剥制加工技术有关。良好的剥制加工技术，能清除纤维上的麻骨、麻壳、杂质，减少胶质、红根、斑疵，不损伤或很少损伤纤维强力，保持纤维柔软、

---

[1]向伟,马兰,刘佳杰,等.我国苎麻纤维剥制加工技术及装备研究进展[J].中国农业科技导报,2019,21(11):59-69.

整齐和水分，色泽正常，从而提高纤维品质。重庆荣昌本地麻一年可收割春、夏、秋三次，夏季苎麻纤维的品质最好。

打麻工序包括打、剥、洗、刮四个步骤。经过这四个步骤获得的苎麻纤维就是原麻。打麻用的主要工具有竹竿、麻刀和竹箍（如图3-1）。人们在麻地里打麻时，首先用竹竿将麻叶从苎麻植物上打掉，接着将韧皮从麻秆上剥下来，然后将麻纤维从韧皮中取出。

①打，打麻叶。苎麻到了成熟收获时，用小指粗的竹竿将苎麻叶子打落在地，一是便于剥麻，二是麻叶在麻地里腐烂以后是很好的有机肥料；或者用镰刀收割麻叶作为猪饲料。

②剥，剥韧皮。剥麻的目的是将韧皮与苎麻秆分离，获得独立的麻片。把韧皮从麻秆上剥下来有两种方式：一是在麻地里直接用手将韧皮从苎麻上剥下来，二是用镰刀将苎麻秆割断以后运到某固定场地再剥皮。在麻地里直接将韧皮从苎麻秆上剥下来需要一定的方法。到了苎麻收割的季节，人们在太阳出来以前，苎麻表皮上还有露水时就开始劳作，在苎麻植物出土的位置附近用手折断麻秆，破开皮（如图3-2），将麻秆从下往上拉取出来，再将麻皮撕开成两部分，同时分别向左、右用力拉扯，麻皮就扯下来了。用这种方

● 图3-1 麻刀和竹箍　　● 图3-2 剥韧皮　　● 图3-3 刮韧皮

式剥下来的麻皮端头不齐头,打完麻以后的苎麻纤维条端部不齐平,还伴有轻微开裂状态,便于后面的绩纱操作。剥麻讲究完整性,技术高超的剥麻人可以将韧皮剥成完整的两片,而不会出现破损。

③洗,洗韧皮。将韧皮在水里轻轻掠过,洗去韧皮上可能黏附的泥土和杂物,使韧皮保持干净。如果不能及时进行后续的刮皮,需要将韧皮浸泡在水里,以免失去水分,防止韧皮干燥,给刮麻带来难度。

④刮,刮韧皮,俗称刮麻。苎麻植物的韧皮是由纤维素、木质素、果胶质及其他一些杂质组成的,刮麻就是去除黏附在纤维上的这些异物,提取其中可纺纤维的过程。刮麻时,取出泡在水里的韧皮,左手握在韧皮中间位置附近,并用大拇指和食指将其夹紧;右手握一把小刀,俗称麻刀,大拇指套一个用竹笋壳做的竹箍,把韧皮夹在麻刀和竹箍之间(如图3-3),两手分别向相反的方向用力拉扯,通过摩擦分离韧皮上的麻骨、麻壳和杂质,露出柔软的苎麻纤维。元代《王祯农书》曰:"苎刮刀,刮苎皮刃也,锻铁为之,长三寸许……仰置手中,将所剥苎皮横覆刃上,以大指就按刮之,苎肤即蜕。"[1] 由此可看出,手工刮麻技艺变化不大,但竹箍是在元朝之后才创新的。

刮麻时须注意两个问题:一是麻刀和竹箍与韧皮接触的位置,二是力度。从刮麻的角度讲,韧皮分为三层:外层麻壳,中间层纤维,里层靠近麻秆为麻骨。刮麻时,麻壳与麻骨分别接触竹箍与

---

[1]王祯.王祯农书[M].王毓瑚,校.北京:农业出版社,1981:423.

麻刀，麻骨比麻壳硬，需要较大的单位面积摩擦力才能将麻骨与纤维分离，麻刀与韧皮接触面积小，单位面积上的摩擦力大，有利于清除麻骨。如果接触方位反了，会出现麻骨去除不干净，同时纤维受损的情况。刮麻的力度需要适中，力太大，会造成苎麻纤维被破坏；力太小，清理不干净麻骨等需要刮掉的异物。对力度的把握，完全靠刮麻人日积月累的经验和手感。我们的祖先根据韧皮不同部位的硬度，选择不同材质与形状的工具与之相适，体现工巧之美。传统手工技艺处处蕴藏的智慧是我们传承时需要去领会和思考的内容。

刮麻完成后，将片状苎麻纤维进行晾晒，干燥以后的苎麻纤维呈青色和深红色。深红色俗称"花红"，因为深红色不均匀地分布在苎麻条上。根据其长度和颜色区分等级，品质最好的为全青色无花红且长的。一般夏季七月份左右收割的苎麻纤维能达到此等级，而春、秋两季（即五月份和九月份）收割的苎麻纤维有花红，品质与夏季苎麻比较，明显差一些。

3.2 漂麻（脱胶）

苎麻植物的韧皮由纤维素、木质素、果胶质及其他一些杂质组成。刮麻以后的片状苎麻纤维除了纤维素外还包含果胶等杂质，呈青色和深红色，只有去除所有杂质才会呈现出苎麻纤维的本色——白色。刮麻已清除三分之二左右的胶质和其他杂质，为了得到更柔软的苎麻纤维，就需要更进一步脱胶，俗称漂麻，有的也称漂白。结合田野调查和文献查找，笔者认为脱胶的方法大致可分为沤渍法、沸煮法、灰治法、牛粪浸渍法、硫黄熏蒸法、清水漂麻法和谷花水漂麻法。

中国古代利用麻类植物韧皮层的方法，根据其历程来看，大致分为三个阶段。

最早采用的是直接剥取不脱胶的方法。即用手或石器剥落麻类植物枝茎的表皮，揭取出韧皮纤维，粗略整理，不脱胶，直接利用。这种方法在新石器时期曾广泛使用，河姆渡出土的部分绳头，经显微镜观察，发现所用麻纤维均呈片状，没有脱胶痕迹。[1] 现在用麻刀和竹箴刮麻，已能去除大部分胶质，不能说没脱胶，应该为半脱胶。

随后采用的是沤渍法。随着人类生活实践经验和生产劳动实践经验的积累，人们从倒伏在低洼潮湿地方的麻类植物自然腐烂中得到启示，懂得了通过沤渍可使麻植物的胶质部分脱落。浙江钱山漾新石器遗址及一些商周墓出土的麻布片，经鉴定都有明显的脱胶痕迹。有关沤渍脱胶法的记载，最早见于《诗经·陈风》，"东门之池，可以沤麻""东门之池，可以沤纻"。赵翰生根据西汉《氾胜之书》和北魏贾思勰《齐民要术》等文献资料中的记载，阐述了最佳的沤渍季节、水质和时间——最好是在夏至后二十日；水质要清，用浊水沤出的麻发黑，光泽不佳；沤渍时间要适中，时间太短，微生物繁殖量不够，不能除去足够的胶质，麻纤维不易分离；时间太长，微生物繁殖量大，脱去过多胶质，纤维长度和强度均易受损。

再后来采用的是沸煮法和灰治法。沸煮法早期用于葛纤维制取，秦汉以后被广泛用于苎麻脱胶的纤维制取，这一方法是通过将剥取

---

[1] 赵翰生.中国古代纺织与印染[M].北京：商务印书馆，1997：70-74.

的苎麻皮放在水中加热沸煮,达到脱胶的目的。当胶质逐渐脱掉后,捞出,用木棒轻捶,便可得到分散的纤维。采用煮的方法,作用比较均匀,且易于控制时间和温度。灰治法是把已经半脱胶的麻纤维绩捻成麻纱,再放入碱剂溶液中浸泡或沸煮,使其中残余的胶质尽可能地继续脱落,使麻纤维更加细软,而能织造高档的麻织品。《稼圃辑》里就这样记载:"苎麻正月移根分栽,五月斫头苎,七月斫二苎,九月斫三苎……苎麻刈倒时即用竹刀或铁刀从梢分批开,用手剥下皮,即以刀刮其白瓤,其浮土皴皮自去,缚作小,搭于房上夜露,昼曝五七日,其麻洁白,然后收之。若值阴雨,即于屋内透风处晾之,其缲纺过,用桑柴灰淋汤浸一宿,水漂了,用细石灰拌匀停放一宿,次日涤去石灰,用黍秸灰淋汁煮一过,自然白软。晒干,再用清煮一过,水漂,晒干织。"[1]

另有一些民间土方法。

牛粪浸渍法,将暴晒以后的苎麻,使用牛粪加水进一步漂白,牛粪浓一些比较好,其比例约为十斤牛粪加三四斤的水,搅匀,加约五斤干苎麻。操作时,将苎麻浸泡在牛粪水中很快提出,拿到晒布场上晒干,晒干后,在干的苎麻上泼水,再晒干。如此进行三次,苎麻就能够变白。

硫黄熏蒸法,将绩完的纱放在煤炉上,上面放一个小碗,小碗里放两块烧着了的硫黄,将麻与硫黄罩于风筒中,熏麻,熏完后,

---

[1]王芷.稼圃辑[M].中国基本古籍库,清钞本:10.

纱就能变得很白。[1]

清水漂麻法（日晒法），荣昌地区目前主要采用的漂麻法，可以在草地和竹竿上进行。当日出之前，将苎麻纤维按区编排，上下成列，用绳绕柱，使它铺晒时能够翻转，成片而不紊乱。日出后，将编排好的苎麻纤维摊晒在青草地上，首先让它充分打露（接露水），一般到了早晨8时半后就开始洒清水，每回洒水4~5次，待晒到八成干后，缓慢翻转，又重复洒水、晾晒、翻动、洒水、晾晒，直到午后2时半左右，将麻纤维捆起。按这种方法进行5~6天后，即漂成洁白的苎麻纤维。如果量少的话，就可以直接将苎麻纤维铺在草地上或者均匀地挂在竹竿上，按上述相同的方法洒水、晾晒、翻动、洒水、晾晒，直到漂成满意的苎麻纤维。

谷花水漂麻法，方法与清水漂白法相同，只是在每年的五月至六月间，水稻扬花季节，其花粉散落到稻田的水里，称为"谷花水"。将苎麻纤维铺放在离稻田不远的草地上，用谷花水泼洒。夏布织造技艺传承人李俭康介绍，这种方法漂出的麻比清水漂麻法漂出的更洁白和柔软。

牛粪浸渍、硫黄熏蒸和谷花水漂麻等方法是散落在民间的土方法，用于漂麻量比较少的情况。古代官营主要采用沤渍法、沸煮法和灰治法，也有几种方法同时使用的情况。《天工开物》记载，"苎质本淡黄，漂工化成至白色"[2]（先用稻灰、石灰水煮过，入长流

---
[1] 李雪艳.《天工开物》的明代工艺文化——造物的历史人类学研究[D].南京：南京艺术学院，2012：258-259.
[2] 宋应星.天工开物（插图本）[M].沈阳：万卷出版公司，2008：54.

水再漂、再晒，以成至白）。《天工开物》所记载的苎麻漂白方法运用了稻灰、石灰水煮与日晒等多种。

3.3 绩纱

绩纱也称绩麻线，分为撕片、卷缕、捻纱、绕纱四个步骤。绩麻的主要工具有麻篮，板凳，盛水的碗、盆或者桶。绩纱一般由女工完成。绩纱时将漂白后的片状麻撕开成条状，卷成一缕缕，放入清水盆或清水桶里，然后用手指梳成一根根苎麻细丝，放在大腿上，用手捻接成麻纱放在麻篮里，晾晒以后就可挽麻团。

宋应星对绩麻需要在水中浸泡的时间做了记录："凡苎皮剥取后，喜日燥干，见水即烂。破析时则以水浸之，然只耐二十刻，久而不析则易烂。"绩麻撕片时需要将脱胶后的苎麻片放在水中浸泡，否则撕不开，但是浸泡时间按照宋应星的记载是不超过"二十刻"。

● 图 3-4 绩纱

按照清代以前铜漏计时，一昼夜分为一百刻，二十刻相当于今天的 4.8 个小时，即不超过 5 个小时。[1]

绩纱是一门需要耐心细致的手艺，用手将湿麻拆开，劈成细缕，劈得越细，织的夏布越柔软。当然，劈得越细，耗费时间越多，价格相对也越贵。笔者在荣昌盘龙镇调研时了解到，每天绩麻 2 ~ 3 两（100 ~ 150 克）重的粗纱，出售价格为 6 ~ 9 元/两；绩麻 2 ~ 3 钱（10 ~ 15 克）的细纱，出售价格为 50 ~ 80 元/两。绩纱每天挣到的钱不足 30 元，因此只有一些年迈的妇女还愿意做，而绩纱又是决定夏布品质很重要的一环，没有精细的苎麻纱，就织不出古时"轻如蝉翼，薄如宣纸，平如水镜，细如罗绢"的夏布精品。

3.4 挽麻团、麻芋子

把绩好的纱线用一个长约 2 寸、内径约 1 寸的圆筒挽成麻团，作经线用；用一根 3 寸长的高粱毛秆或竹枝秆挽成两头小、中间大的芋子，作纬线用。

现在编织夏布的公司一般大量购买未脱胶的原麻，在赶场日，根据其质量（长短和花红多少）出售给个人，大概 20 ~ 30 元/斤。乡民买回家以后用清水漂麻法脱胶，干完农活儿闲下来时就开始绩纱，晾干，挽成麻团，累积到一定的量，就将它们串起来又卖给公

---

[1] 李雪艳.《天工开物》的明代工艺文化——造物的历史人类学研究[D].南京：南京艺术学院，2012：260.

司，公司根据麻纱的粗细和花红的多少确定回收价格：粗纱25～30元/两、细纱50～60元/两；精细麻纱70～80元/两，用以编织140～150筘的夏布。以前绩织夏布红火的时候，这些交易通常在天没亮之前（早晨四五点）进行，其原因是可以控制温度和湿度，同时又不影响天亮以后干农活儿，这种交易市场称为"鬼市"，充分反映了祖先的智慧和勤劳。荣昌盘龙镇的老百姓还有一种说法，麻是阳光之物，太阳未出来时属阴，在天没亮之前交易，阴阳协调。这也体现了中国古代阴阳哲学深入老百姓的日常生活之中，阴阳虽相互对立，但又互补共生，人与人之间、人与社会之间、人与自然之间都存在互补共生的关系。

每次去荣昌盘龙镇，笔者都会情不自禁地迈向双龙夏布织染公司，那里有一帮可爱的爷爷奶奶，最小的65岁，最大的85岁。他们每天聚在一起，爷爷们安静地坐着，专注地挽着麻芋子；奶奶们

图3-5 挽麻芋子

时而站着，时而坐着，位置总在不停地变换，有说有笑地拉拉家常，麻纱在不经意间自然流动，缠绕成芋子形状（如图3-5）。他们一天平均只能挣到7~8元，面对如此低的收入，大家却每天坚持去做，相信他们不是为了挣钱，而是延长着生命的意义。

3.5 上浆捡缟

上浆捡缟和牵拉收链主要是为了准备织布用的经纱。需要在一个空旷的专用场地（俗称上浆棚）进行，一般宽为2~2.4米，长为8~12米，其主要设备由麻篮、摇杆轴、浆筒（分为上浆筒和下浆筒）、排（分为上排和下排）、车辊子、支架、分经杆、牵杆等组成（如图3-6）。

（1）牵线上浆。夏布在织造过程中，经纱要经受钢筘等机件的反复摩擦，还要经受由于各种机构运动而产生的反复拉伸、屈曲

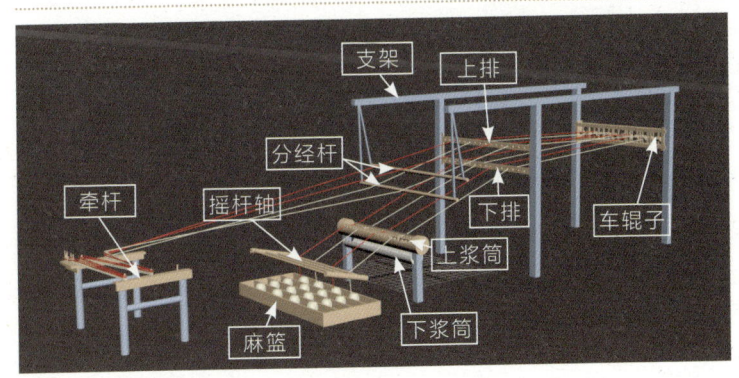

● 图3-6 上浆捡缟和牵拉收链的主要设备示意图

及磨损作用。未经上浆的经纱，其表面毛羽突出，在织机机械力的作用下会起毛，使经纱相互粘连，导致开口不清，经纱断头，产生织疵，甚至使织造无法进行。为了降低经纱断头率，提高经纱的可织性及产品质量，必须对经纱进行上浆，赋予经纱更高的耐磨性，贴伏毛羽，并尽可能地保持经纱原有的弹性。因此，经纱上浆是夏布编织过程中一道不可缺少的工序。上浆的浆料应须具备以下几个方面的物理化学性能：①足够的黏着力，增加纱线强度，并贴伏毛羽；②良好的成膜性，形成的浆膜应有很好的机械强度和延伸性；③黏度要适当，具有良好的流动性，使浆料被覆在纱线的表面，浆料的黏度热稳定性要好；④性质要稳定，不易起泡沫，不易变质；⑤不应对纱线、设备、人体健康有害，退浆容易，不会对织物后处理带来不良的影响；⑥随着人类对绿色纺织品的要求及对环境保护意识的提高，浆料应具有较好的生物可降解性。大米捣碎熬成的米浆就能满足上述要求，传统刷浆用的浆料都是米浆。

上浆有两种方式，一种是苎麻纱线牵拉好以后用浆刷手工刷浆，另一种方式是苎麻纱线穿过盛有米浆的浆筒而黏附米浆。手工刷浆，用浆刷（纑刷）将预先调制好的米浆均匀地刷在纱线上面。刷浆选择在晴天室外进行，气温在25℃左右，且风速较小的情况下最佳。开始时，用左手捧一把米浆，右手握住刷浆把，用浆刷的须子打动左手的米浆，使之喷洒在纱线上。整体喷洒完一遍以后，还可用浆刷刷蘸米浆，在纱线上刷动，如图3-7所示。在刷浆的过程中，应用梳箱来回整理纱线，并用分经杆交换经线上下两层的位置，使米浆刷得均匀，更不至于粘连在一起。同时，可剪掉不规整的麻线分

● 图 3-7 手工刷浆

疵，将接头不牢固的麻线重新接上。

浆筒上浆方式是在手工刷浆的基础上创新而成的，纱线经过盛有米浆的上浆筒，均匀地黏附米浆，比起手工刷浆省力和高效，但是需要专门的较大的场地。如图 3-8-a 所示，将麻团横向四排整齐地排列在麻篮里，麻篮的上方悬挂着摇杆轴，摇杆轴也有四根横向的竹竿，每一个麻团的麻纱绕过摇杆轴对应的竹竿，将麻纱有序地牵出至上浆筒。浆筒一般由较粗的竹筒对破成两半而成，分为上浆筒和下浆筒，上浆筒用于装盛米浆，同时在适当的位置左右钻两排对称的孔，大小一般为 3 厘米左右。孔的位置要适中，太低滴漏米浆严重，太高的话，随着上浆次数的增加和滴漏时间的延续，上浆筒里的米浆变少，麻线穿过上浆筒时可能上不到米浆。孔的位置是斜向开的，内侧离底部低，外侧离底部相对高一些，大概 6～8 毫米。下浆筒位于上浆筒的下方，用于装盛上浆筒滴漏下来的米浆。麻纱穿过盛有米浆的上浆筒两个对称的孔时，就被均匀地上了米浆，这种方式上浆既均匀又省力。上了浆的麻纱穿过下排（矮排）的孔，

◉ 图3-8 浆筒上浆

绕过最后一排的车辊子，如图3-8-b，穿越上排的孔来到分经杆（有两个），麻线有顺序地一上一下分别搭在两个分经杆上，如图3-8-d，将纱线分为上下两个部分，形成张口，便于捡缩。在上浆过程中，可能会出现麻纱断裂，需要不停地查看，及时连接好，如图3-8-c。在冬天，因温度低和空气潮湿，纱线上黏附的米浆水分不易挥发，通常在浆棚下面生炭火，增加浆棚里的温度，保障纱线经过一圈的游历来到牵杆位置时已干燥。

（2）捡缩。将晾干的苎麻线收集于牵杆之前，首先要进行捡缩，其目的是将苎麻纱线分成上经线和下经线，同时形成交叉口，专业术语就是梭口，便于织布。

● 图 3-9 捡缟

捡缟的方法，如图 3-9，左手拉住所有的麻线，右手拇指按压，用食指抬起最边缘位置的第一根麻线，接着用食指按压，拇指抬起第二根麻线，拇指和食指就这样有序地交替按压、抬起不同的苎麻线，直到最后一根，从而形成一个缟。这个过程称为捡缟。

3.6 牵拉收链

在炎热的天气，纱线穿过上浆筒，游走上、下排以后基本晾干。而在凉爽的天气，会在上浆棚里放一个加热器，提高纱线晾干的速度。晾干的纱线将被牵拉在牵杆上，最后以链条状方式收编在一起。

（1）挽"8"字。捡好缟以后，在缟的最边缘一头打个活结，按分好的上、下经线套在牵杆的第一个墩子（柱头）上，交叉以后套在第二根柱头上，这里交叉的目的是便于数缟，所有上经线和下

◉ 图3-10 挽"8"字

经线在这里交叉代表一个缟,一个缟明确了苎麻线的根数。将缟的另一端套在第三根柱头上,然后上、下经线交叉以后套在第四根柱头,最后将上、下纱线合在一起,共同在牵杆两端的柱头之间来回穿梭。从第一根绕到第四根柱头的整个过程称为挽"8"字(如图3-10)。

(2)牵拉。每当苎麻线上的米浆晾干以后,上浆工作人员左手握住收在一起的麻线,右手轻轻将麻线拉回,绕在牵杆两端的柱头上,根据客户需要的夏布长度确定牵拉柱头的个数。绕完一圈回到挽"8"字的起始位置,重复捡缟、挽"8"字、牵拉等工序,直到满足编织夏布用的麻纱总根数。夏布的幅宽和密度决定了织一匹布需要的总经纱数,除以一个缟的麻纱根数,即牵拉的缟数,牵杆第一和第二根柱子之间以及第三和第四根柱子之间交叉的数目就是缟数,牵拉之前需要根据夏布规格计算缟数和每一缟所需的麻纱数。比如,在腰机上需要织90筘规格,幅宽0.36米、长度22米的夏布,即需要660根总麻纱,如果绕8个缟,每一个缟的麻纱数为83根;牵杆左右两端之间的距离2米左右,牵拉完整一周,大概70米长。因此,在此牵杆上牵拉8个缟,每一个缟的麻纱数83根,就可以满足织3匹90筘规格,幅宽0.36米、长度22米夏布所需的麻纱。

(3)收链子。上浆完以后,用另外的绳索将缟左右两边的上、下经线分别捆绑在一起,以便保持完好的缟。从牵拉的末端位置开始,以链条状方式将苎麻线收编在一起(如图3-11)。

图3-11 牵拉收链

● 图3-12 穿梳筘用器具

3.7 穿梳筘

上浆捡缟以后的苎麻纱线以链条状汇集在一起，织布之前需要将麻线按织布时的状态进行梳理排列，穿梳筘这个工艺是为梳布做准备，用到的器具和部件有羊角、梳筘、小缟竹、筘针和羊卡子（图3-12）。首先解开链条状苎麻纱线成自然散状，用两个小缟竹穿过缟的两边，并用小缟竹上的绳索将其固定在羊角上防止缟散乱，然后才可以取掉捆绑缟的绳索。羊卡子放置于梳筘与羊角之间，使筘板与羊角之间有一定距离，便于穿筘。穿梳筘是用筘针将每一对上、下经线穿于一个筘里，起头和结尾的地方根据单双边分别穿一根和两根纱线。将所有的纱线分别穿入各筘齿之间以后，取适量的苎麻纱线用手进行梳理，将上、下经线分开，左手食指穿过上、下经线之间的空间，并固定苎麻纱线，右手将上、下经线合起来，适当地扭拧以后绕过上、下经线之间的空间，然后打个活结，将羊卡子穿

● 图 3-13 穿梳箅

入上、下麻纱之间的空间里。羊卡子两端附近均有长方形孔，通过这两个孔，将苎麻纱线跟随羊卡子一起固定在羊角上（如图 3-13）。

3.8 梳布

上浆捡缙和牵挂收链的过程中，避免不了由于米浆未干导致牵拉和收链子时纱线黏结在一起的情况。梳布的目的就是清除纱线之间的黏结，使用到的器具有梳布架、羊角、梳箅、小缙竹、羊卡子、缙板、托钩（布拖）和布贴（贴篾）。

如图 3-14 所示，将穿好梳箅的羊角放置于梳布架上，打开所有链条，使纱线完全自然散开。纱线一端通过羊卡子固定在羊角上，另一端打个活套固定于布拖的柱子上，布拖安放的位置根据纱线的长度而定，只要能将麻线牵直并离开地面即可。解开小缟竹套在羊角上的绳索，沿着纱线经线方向同时移动两个小缟竹。小缟竹的两端都钻有小孔，通过绳索连接两个小孔，使小缟竹只能沿经线移动而不会横向滑脱，缟的形状保持完整。两根小缟竹径向移动，可以

● 图 3-14 梳布

使上、下经线之间的黏结脱落。两个小缟竹移开一段距离后停止，开始移动梳筘。左手把持梳筘沿经线方向缓慢移动的同时，右手用布贴轻轻拍打纱线，清除苎麻纱线横向之间的黏结。通过小缟竹和梳筘的移动，以及对纱线的拍打，将它们梳理成一根根有序排列而互不粘接的纱线。梳理一段以后，转动羊角，将梳理过的纱线缠绕在羊角上，每转一圈放置于一条布贴（贴篾）。再次移动小缟竹、梳筘和转动羊角，循环往复，直至梳理完整个长度的纱线。

3.9 穿编筘

穿编筘与穿梳筘的方法大致相同，只是筘板不一样。穿梳筘的目的是便于梳布，筘齿间距大，每一筘齿穿两根纱线，可用竹筘，也可用钢筘；穿编筘的目的是织布，一般用钢筘。根据所需编织夏布的密度要求选择相应的筘板，一般每一筘齿穿一根纱线（如图3-15）。

◉ 图 3-15 穿编筘

3.10 纵布

编箔穿好以后，将羊角放置于织布机机头的丫雀口，转动羊角释放出部分经纱，在上下经线之间插入浪纱板，将上、下经线分开的同时固定羊角，避免羊角转动。纵梁子压住经线，用缩板换下小缩竹，将捆方插入编箔的端头空间，在腰际系上腰皮，连接捆方与腰皮，打开经线活结，在捆方上重新梳理端头经线，使其平整。

这些准备工作做好以后就可以开始纵布了。纵布的目的是利用粗棉线或鱼线将下经线全部套在纵梁子上，织布时脚踩踏板，通过天平使纵梁子上下运动，从而带动下经线也跟随其运动，形成不同的交叉梭口。纵布时用到的器具有纵线、纵线子、纵架子。纵架子收口一端用线吊起来固定，纵线子与纵架子平靠在一起，左手把持；纵线穿过缩的上、下经线之间的空间，套在纵线子上。右手理出左端的第一根下经线，将其往左移动，在两根上经线之间用食指勾出纵线，绕过纵架子套在纵线子上，从外向里缠绕3圈，后面每次缠绕2圈即可，依次从相邻的两根纱线之间勾出纵线套在纵线子上。缠绕时注意绕在纵架子端头位置，保证纵线长度一致。所有下纱线都纵完以后，取走纵架子，用纵梁子代替之，同时加入一根铁的扎重棍，两端用麻绳将纵梁子分别悬挂在左右两边的天平上，完成纵布（如图3-16）。

图 3-16 纵布

3.11 打绞

纵布结束后，开始做织布前的最后准备工作——打绞。首先松开浪纱板，将其向下移动，移到水平位置用肚脐棍代替，即下层经纱在水平位置用肚脐棍压住；用站棍压住上层经纱，同时套在猪腰子上；编筘装入筘壳子，用挂钩将筘壳子吊在吊边子上；提一提筘壳子，检查筘壳子两边重量是否平衡，扭一扭两边的小竹块，调节松紧，使筘壳子两边重量平衡。踩下土地牌，看上、下经线是否能形成开口，如果不能有效地形成，调节腰皮的长度，直到上、下经线能形成有效开口（梭口）为止。

3.12 织布

织布是生产夏布重要的一环，由于工艺要求高，大多由妇女织造，故又称为"娘子布"。[1]织造夏布的基本原理就是将经线和纬线按一定顺序相互交织在一起。两脚上下踩，交替调换两组经线的上、下位置，穿梭纬线在两组经线之间。目前，手工织布机有两种，高机和腰机。高机比腰机多了一个打纬装置，其他织造技艺相同。高机站着织，也可以坐着织，高机织的夏布幅宽比腰机织得宽，高机幅宽一般为1～1.2米，腰机幅宽一般为36～45厘米。目前使用最多的是腰机，下面也主要阐述腰机的使用方法。

织布用到的麻芋子纬线，使用之前泡在水里。织布要求空气湿润，且在无风的环境中最佳，早上和晚上最适合织造上等夏布。气温过低则纱线僵硬，气温过高则纱线干燥、多分叉和断裂。夏布织造对湿度的要求较高，一般在65%～75%为宜。在重庆炎热的夏天，夏布小镇的企业，会用小型加湿器放在织布机旁边（如图3-17-a），不停地在提经位置附近给经线喷雾加湿，从而营造合适的织造环境。也有的是在织造过程中手动喷水使经线湿润。

织布机是夏布织造中的主要工具，宋应星在《天工开物》中记录"织苎机具与织锦者同"。在《乃服》章节中专附"腰机图式"，文中对于腰机的功能与操作方式做了简单介绍："凡织杭西、罗地

---

[1]余强,等.织机声声：川渝荣隆地区夏布工艺的历史及传承[M].北京：中国纺织出版社,2014：77.

图 3-17 织布

等绢，轻、素等绸，银条、巾、帽等纱，不必用花机，只用小机。织匠以熟皮一方置坐下，其力全在腰尻之上，故名腰机。普天织葛、苎、棉布者，用此机法，布帛更整齐坚泽，惜今传之犹未广也。"

打缟时，下经线向下拉。在水平位置用肚脐棍压住，上经线与水平成60℃左右，用站棍压住，在平衡状态就已形成自然开口，即原始梭口。织布时，织工坐在一侧的坐板上，腰背系上腰皮，脚踩踏板（也称土地牌），通过绳索和猪腰子使站棍向下运动，带动上经线下移，而连接猪腰子一端的天平向下，连接纵梁子一端的天平向上，带动纵梁子向上运动，提升下经线，形成下经线在上、上经线在下的梭口（如图3-18-a）投梭牵拉纬线；腰腹挺直往后倾斜，用腰部力量推拉筘壳子，将纬线打紧，同时松开踏板，此时经纱绷紧，在经纱张力和绳索回弹力的作用下，站棍松开对上经线的压制，上经线回到原位，连接猪腰子一端的天平上翘，纵梁子在重力的作用下带动下经线向下移动回到原位，形成下经线在下、上

3. 夏布织造技艺

经线在上的原始梭口（如图3-18-b），梭子从另一边穿过引纬，完成第二次打纬，并依次循环。织完一段后，转动捆方，相应转动羊角放出一段经纱。踩踏板、双手翻飞丢梭、下腰、推筘……手脚腰并用，不断地重复着这一连串动作，伴随着织布机"吱嘎、吱嘎"的声响，装满纬线的梭子在左、右手及经线之间快速地穿梭，不经意间，经线和纬线无数次交织在一起，慢慢形成了一小块夏布。

在夏布织造过程中，依靠腰的前挺后屈与脚的踏动控制经线的松紧度和开口，利用手的臂力来控制打纬的力度。织布者对腰力的掌控非常关键，如果下腰时力量过小，会导致经线松弛，织出来的布表面不平顺、苎麻纱稀密不均；如果下腰时用力过大，则容易崩断经线。在这种情况下，无论织布者丢梭子的速度有多快，都会因为不得不停下来接线而大大影响织布速度。因此，夏布质量与织工掌握的熟练程度密切相关。由于苎麻纱线多毛刺与分疵，需提前准备一把小剪刀或刀片，在织布的过程中将其剪掉或刮去。尽量做到布面线接头不露痕迹、无破烂、无断头、毛羽伏帖。[1]

织造夏布虽然是一种慢工而重复的枯燥手工劳动，但当手、脚和腰先后有序地运动时，就像跳动的音符一样非常有节奏感。娴熟的织布匠人在自己的织布节奏下，可以无意识地操控织机，有的一边织布一边跟其他人交谈，或者戴耳机听歌，或者看电视连续剧，用积极和愉快的生活态度消解编织的枯燥和疲劳（如图3-17-b）。

夏布编织工人一天要工作十来个小时，月收入一般在两三千元，

---

[1]廖江波.夏布源流及其工艺与布艺研究[D].上海：东华大学，2018：115.

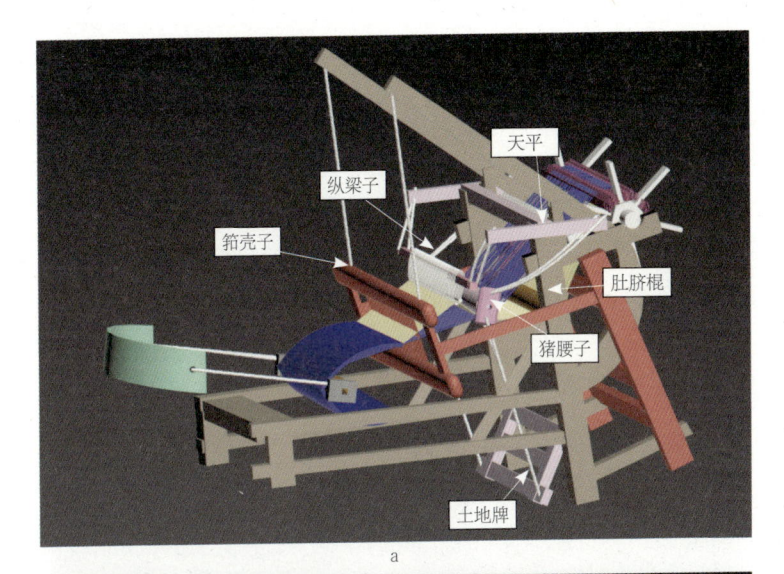

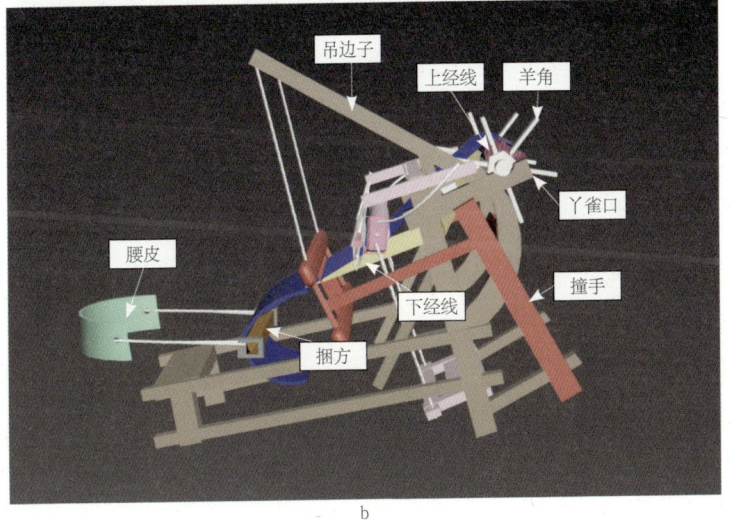

● 图3-18 织布机工作原理示意图

虽然比当地收入水平稍高一点，但是工时长，很辛苦。夏布原坯布的利润很薄，现在夏布行业也不像20世纪七八十年代那样景气，手工织布者的收入不高。年轻人都愿意外出打工，只有老人和为了照顾读书的小孩无法外出打工的妇女从事织布的工作。因此，夏布织造技艺的传承存在后继无力的状况。但笔者在荣昌实地调研与学习的过程中，也遇到一家三代都在制作夏布的家庭。爷爷、奶奶都70岁有余，负责穿筘、梳布和上浆；儿子、媳妇这些中年人，都是织布能手；孙子20岁不到，曾外出打工，因不喜欢束缚也回家学习织布。他们认为织造夏布尽管工资低，但生活自由、安全，一家人在一起互相照顾，又无忧无虑。这样的织布世家，可重点呵护，比如将其加入非遗传承人的后备名单，为其提供公租房，如有提高技艺的培训机会，也可通知他们去参加，让他们在有基本生活保障的前提下，世世代代把夏布绩织技艺传承下去。

4. 夏布之用

花草叶枝—树皮—纤维，是一种在材料上抽象与提纯的过程，体现了先民借生物之力以助自身生存的智慧，以及他们征服自然万物的精神和技术。《天工开物》曰："凡苎麻无土不生。……色有青、黄两样。每岁有两刈者，有三刈者，绩为当暑衣裳、帷帐。……即苎布有极粗者，漆家以盛布灰，大内以充火炬。"[1] 在古代，夏布用来做衣服、蚊帐，较粗的还用于制作漆器，皇宫内用它当作火把。而在现代，随着科技的不断发展、新型面料的开发和应用，在价格和性能上优于夏布的化学纤维成为人们日常使用更广泛的面料。但人们也根据夏布的特性和时代的需求对其进行了创新应用，如夏布画、夏布绣及电脑包、文具袋等工艺品、文化用品。夏布在当今的应用，归纳起来，主要用于服饰品、工艺美术品、家居用品和办公用品。

[1]宋应星.天工开物(插图本)[M].沈阳：万卷出版公司,2008:54.

4.1 服饰品

在《现代汉语词典（第7版）》里，"服饰"指的是"衣着和装饰"。衣着，身上的穿戴，包括衣服、鞋、袜、帽子等；装饰，在身体或物体的表面加些附属的东西，使其美观。人类从动物爬行进化到直立行走，从赤身裸体到披挂树叶、兽皮，从利用植物和动物纤维到人工合成，从保暖遮体到装饰时尚，服饰及其材料的演变无不体现人类的创新能力、祖先的智慧和科技的发展。

衣食住行中衣为首。这里的"衣"表示的是服饰，排在第一位，因为人穿衣不仅仅是为了驱寒防暑、防虫防风雨、遮羞蔽体等，还具有装饰身体、美化生活、显示身份地位及民族信仰等作用。在中国古代，帝王将相的服饰严格按照等级、礼仪穿戴，充分显示人的身份地位。一些少数民族，如贵州苗族、侗族、瑶族，其民族服饰很精美，图案丰富，展示了祖先崇拜、自然崇拜、生殖崇拜等主题。

在中国传统文化中，有将远古事物的发明或起源归功于三皇五帝中某一位具体圣人的习俗。其实，服饰的起源、发展同物质文明和精神文明的发展一样，是人类在不断面对、克服和改造自然的动态发展过程中逐步创造和积累出来的。这是一个由简单到复杂、由生理到精神、由物质到文化不断升华、演进和丰富的过程。[1]

---

[1]贾玺增.中国服饰艺术史[M].天津：天津人民美术出版社，2009：1.

图 4-1 内蒙古阴山岩画人物[1]

（1）贯头衣

原始时期没有衣服起源的文字记载，旧石器时代和新石器时代古墓遗物里也没有完整的衣着服饰保存下来，后人在史书上记述的大多属于传说推理的史料，比如炎帝神农氏使用木头制作各种农具，并教人种植五谷，发明医药，明白耕而食、织而衣的道理。

新石器时代纺织物出现后，就被用来制作衣服，最简单的方法就是用两幅窄布拼缝，上沿中部留口出首，两侧留口出臂，无领无袖，缝制简易，束腰穿着，便于劳作，名为"贯头衣"。在辛店彩陶、阴山岩画上的人物都是贯头长衣形象，衣料大多是葛和麻布。[2]（如图4-1）直到21世纪，贯头衣形制的服饰在西南少数民族服饰中还能依稀看到，而且是由自织的麻布缝制而成的，如云南陆良彝族干彝支系，贵州荔波瑶族白裤瑶、青瑶支系，贵阳花溪高坡苗族，

---

[1]盖山林.内蒙古阴山山脉狼山地区岩画[J].文物,1980(6):1-11.
[2]袁杰英.中国历代服饰史[M].北京:高等教育出版社,2006:8.

● 图4-2 云南陆良干彝服饰

● 图4-3 白裤瑶女子服饰

等等。图4-2、图4-3和图4-4中,反映这些民族服饰形制的图片都是笔者在做田野调查中拍摄的。

如图4-3所示,贵州荔波瑶族白裤瑶支系女子夏季服饰上衣就保留了贯头衣形制,前、后两块布在肩头拼接,中间留缝,便于贯头而入;两侧不缝合,夏季通风凉快;虽然两侧不缝合,但在左、右两侧拼缝比衣长约10厘米、宽约6厘米的环形布条,使衣裳开口,

4.夏布之用

可迎接清凉的空气，又不会随风肆意摆动飞扬，方便女子日常生活劳作。背部绣有一块方形印章图案——瑶王印。荔波一带的瑶族人认为，他们也是蚩尤后代，从江西、湖南迁移而来，与"三苗"之间有着一脉相承的渊源关系。他们视盘瓠为祖先，为铭记先祖，记录历史，将象征瑶王印的图案、故事和迁移中的所见所闻绣于服饰上。每当瑶王节时，他们会穿上具有象征意义的整套传统服饰，聚集在镇上跳瑶王舞，以此纪念祖先和祈求祖先庇佑。服饰成为他们民族文化的载体和象征符号，正因如此，古老的传统服装形制才得以延续。

荔波瑶族有三个支系——白裤瑶、长衫瑶和青瑶。长衫瑶因男子穿长衫而得此称谓，他们自称"多猛"，其文化习俗跟邻近的白裤瑶类似。图4-4为长衫瑶女子盛装服饰，跟白裤瑶服饰相比，更保守一些，内搭长衣长裙，但外挂"背牌"仍有贯头衣遗风。

◉ 图4-4 长衫瑶女子服饰

（2）现代服饰

葛和麻是最先用于服装面料的天然纤维；在宋代由于棉纺织的传入，普通老百姓的服装面料形成了棉麻并行的格局，再逐渐演变成以棉为主；随着科技的发展，20世纪80年代又被合成纤维取代。现在人们即使穿苎麻布衣服，基本上也是苎麻纤维与其他纤维混合，通过工业化纺织而成的。手工绩织的夏布很少用于制作服装，因为其价格较贵，同时易皱，有刺痒感，影响穿着的舒适性。夏布在服饰方面的应用不多，而主要被制作成夏衣、围巾和包（如图4-5）。

◉ 图4-5 夏布服饰和包

现代都市的快节奏生活，让很多人倍感压力和焦虑。古朴自然的夏布，能让我们心态平和而宁静；同时，夏布吸汗透气，环保抗菌，这些特性都符合当代人的情感与着装需求。但其价格偏贵、易皱、穿着有刺痒感又制约了其应用。为了改善夏布的服用性能，专业人士曾采用碱法、液氨、乙二胺/尿素/水混合液等传统处理方法和 NMMO、超临界二氧化碳流体、等离子体等预处理方法对苎麻纤维和织物进行整理，使纤维的结晶度降低，手感提升，刺痒感和易脆性得到改善，弹性回复率和大分子的延伸能力提高，纤维的柔韧性增加。[1][2][3][4] 如果这些方法能够普及，有效提升夏布穿着时的舒适感，相信夏布又能重回人们的日常生活。

4.2 工艺美术品

工艺美术品也称工艺品，是以美术工艺制成的各种与实用相结合并有欣赏价值的物品。中国工艺美术品品类繁多，分十几大类，数百小类，品种数以万计，花色样式不胜枚举。其中的大类包括陶瓷工艺品、雕塑工艺品、玉器、织锦、刺绣、印染手工工艺品、花边、编织工艺品、地毯和壁毯、漆器、金属工艺品、工艺画、首饰、

---

[1] 聂凯.苎麻柔软整理研究现状[J].山东纺织科技,2019,60(3):22-24.
[2] 张明明,张斌.苎麻纤维柔软改性研究进展[J].上海纺织科技,2015,43(4):1-4.
[3] 王志文,何燕和,马宝华,等.等离子体处理苎麻织物性能研究[J].中国麻业,2006,28(3):146-150.
[4] 熊亚,张斌,郁崇文,等.DMSO/TEAC对苎麻纤维柔软处理探究[J].中国麻业科学,2017,39(1):44-49.

皮雕画等。

夏布是织造技艺的载体，是传统绩织工艺的物质体现，具有高强度、耐磨、防虫防蛀等优良性能，具有不均质的肌理效果和自然柔和的光泽感，这些特性在不同的工艺美术品中起到不同的作用。

4.2.1 漆器

漆器是一种用生漆涂敷在器物胎体表面作为保护膜制成的工艺品或生活用品，是中国古代在化学工艺及工艺美术方面的重要发明，像陶瓷和丝绸一样，漆器在中国古代就已成为民族文化的瑰宝。漆器的制作工艺相当复杂，品类众多，在国家级非物质文化遗产代表性项目名录里，有关漆器的传统技艺项目就有17项左右，如北京雕漆技艺、浙江天台山干漆夹苎技艺、福建福州脱胎漆器髹饰技艺、四川成都漆艺、重庆漆器髹饰技艺、山西绛州剔犀技艺、山西稷山螺钿漆器髹饰技艺、山西平遥推光漆器髹饰技艺、江西鄱阳脱胎漆器髹饰技艺等。不论哪种漆器技艺，都有制胎、灰胎、髹漆和装饰等工艺，每个工艺流程又有很多道工序，完成一个漆器，有的需要花上一年左右的时间。

胎骨是漆器制作的骨架，可以髹漆的胎体种类繁多，主要有木胎、陶胎、金属胎、纸胎、竹胎、皮胎、裱胎（脱胎、夹苎胎）、树脂等。不同胎骨，工艺虽有差异，但基本类似，主要包括制胎、嵌补、刮灰、砂磨等工序。这里重点介绍木胎和夹苎胎制作工艺中夏布的应用。

对于木胎漆器，木材干燥时，会产生收缩或翘胀现象，使得木质胎体极易出现变形和接合处离裂。为了强化胎体的黏合强度，古代工匠们会采用在木胎的内外壁用漆灰黏上一两层麻布，在其上再涂一层漆灰，然后再髹漆的制胎方法，可缓解胎体开裂的现象。张飞龙等在《漆器底胎工艺》中是这样介绍重庆磨髹木胎工艺的。

第一步：将木质素胎全面髹1次薄漆，以防水分浸入木质，这道工序叫胎骨封固。

第二步：全面检查木胎，如发现裂伤、结疤、凹穴或其他瘢痕，则需要拉缝，或挖去朽木，再填充漆糊木粉料。填料配方：生漆60%，糯米糊40%，再加入适量的木粉（锯木粉）和刻苎（将苎麻切碎），配制成厚泥状，填入缝穴内，待其干固后，削去多余的干料，就达到全面平顺。

第三步：在木胎上全裱一层苎麻布，用40%的生漆调配60%的糯米糊裱布（如图4-6），待其干燥后，削去交叉重叠的苎布；然后在裱布上刮粗灰，在粗灰面上刮中灰，中灰干固后打磨平滑，再刮上1层细漆灰后打磨平滑，髹1层下涂黑漆，入阴干燥后，用水砂纸或灰条打磨平滑，再髹1层中涂黑漆，干燥后，再次打磨平滑。漆灰每层需要刮几次要根据对象的大小而定。大件的漆器，每层要刮2~3次（指粗、中漆灰），小件胎型的粗、中、细灰都只要刮1次。[1]

在木胎裱布过程中一定要用力往四周扯匀，尽量将经纬线与底胎平行，布与木胎不是谁征服谁，而是达到相互服帖的理想状态。

---

[1]张飞龙,何豪亮.漆器底胎工艺[J].中国生漆,2009,28(2):6-22.

● 图4-6 木胎漆器裱布过程示意图

裱布结束后，置入阴房，根据当日的天气状况，需要反复检查布面或边幅是否有隆起或原先未曾粘实的地方，趁着生漆面还没干固前及时拉压、补实。待漆干透后取出，裁剪多余的布料，然后才进行打磨、灰胎。通常而言，器皿越大，对于稳定性要求越高，需要刮灰的次数要求也越多。制作漆器，有时须经过反复数十次刷漆、抛光工艺，循序渐进，色彩才会艳丽明快，光泽滋润，漆皮才会自然纯正。这种全靠人力精绘细磨的工艺，有着古朴浑厚的韵味，温润华丽，富含变化。

夹纻技法是传统漆工艺中胎骨制作方法之一。夹纻也被称为挟纻、夹纾，其中夹纻中的"夹"字一是指胎体内部有很多层纻布组成，二是指多层布之间夹有诸多填充物，比如漆灰等。夹纻中"纻"则是苎麻布。苎麻纤维细长且坚韧，不易发霉与腐蚀，同时还耐潮湿，而且质地十分轻巧，可知"夹纻"就是夏布与漆的工艺结合，两者彼此间层层相叠，利用苎麻布良好的张力与漆牢靠的粘黏性，等所塑器体干固后，形成最终坚固的胎体。通过夏布与漆所制的胎体轻便灵巧，不易开裂与变形，此法亦称"重布胎"。夹纻也被称为"脱胎夹纻"。[1]脱胎这一名称则是其胎骨特点，是将夏布用漆糊或漆灰裱糊在泥胎上，再在上面刮上漆灰，待漆灰干燥后去除泥胎，得到空心的胎体，因为胎体由漆灰与麻布构成，所以脱胎也被称为布胎或者夹纻胎。

早在汉代，漆器制坯就已有"夹纻"技法，主要用于日用小盘、杯、盒等，魏晋南北朝时这种技法发展用于脱胎造像，梁景文帝时就有丈八高夹纻佛像，但这一技法自宋以后逐渐失传。清乾隆年间，福建闽侯（今隶属于福建省福州市）漆匠沈绍安为县衙门修理匾额，发现其内系用夏布加漆灰裱成，虽然髹漆表层已斑驳，但漆灰夏布的衣骨仍然很牢固。沈氏由此钻研"夹纻"技法，经过反复研究试验，采用夏布涂生漆将泥像逐层裱上，入窖干固后在底部打一小孔泡入水中，水从小孔渗入将泥像溶解泄出，留下漆布坯壳，终于使"夹纻"技法得到恢复。[2]脱胎漆器的制作主要有制胎、裱布、刮灰、涂底漆、脱胎、髹饰等几个步骤。首先是制胎，初始胎体的造型决定了最后的漆器造型，传统脱胎漆器的做法是用泥巴做出需要的形状，而现代脱胎漆器还发展出了用石膏或是苯板来进行胎体造型，这三种材料有着不同的特性，适用面也各有区别。其中，泥与苯板所制作的胎体都是一次性的，而石膏由于是先制作出模子，所以可以批量做出很多个。苯板因其材料特性适合于制作平缓圆滑或是转折面较大的造型，如果是带有复杂转折的造型则需要用到泥和

---

[1]许政.青阳生漆夹纻技艺的工艺探析[J].大众文艺,2018(17):66.
[2]陈健.福州脱胎漆器的髹饰艺术[J].中国生漆,1987(1):40-42.

石膏。将这些材料做成需要的造型之后,要在胎体上先刮上一层漆灰,放入阴房,待漆灰干燥后就可以进行裱布了。裱布所使用的布有棉布和苎麻布等,根据所做漆器的大小以及用途来做选择,其中苎麻布做出的胎体厚而结实,一般在做大件漆器的时候选择使用。裱布所使用的漆糊是用相同体积的生漆和糨糊调匀制成,其中制作糨糊的面粉与水的比例为1∶4。将漆糊涂抹在胎体上,覆盖上布料,再用刮刀将布刮平,刮的时候需要注意力度——力度太小,漆糊积存在布料下形成空鼓;力度太大,布料过于紧绷,同样不利于与布料和胎体的贴合,而且在裱布的过程中也容易造成布料的移位。裱布时一般选择胎体造型的中间部分作为起始点,由此向两侧进行裱布,遇到转折的部分则需要将多余的布料剪去。在理想情况下,能用一张布料裱完整个胎体是最好的,但由于胎体造型的原因,很多时候需要多张布才能完成。为了胎体的完整,布料的接缝处需要搭接在一起,不可留有缝隙。待漆糊干燥后用粗砂纸稍加打磨,再用锋利的小刀削去接缝以及转折处的多余布料,使之平整。

4.2.2 古琴

古琴是我国古代就有的一种弦乐器,用梧桐等木料做成,有五根弦,后来增加为七根,沿用到现代,也叫七弦琴。在中国历史发展的长河中,古琴一直占据着一个重要地位,和中国的书画、诗歌以及文学一起成为中国传统文化的承载者。古琴演奏需要从自身情感出发,通过琴音抒发内心,从而真正体现儒家"淡泊""中正""平和"等思想情感。古琴的形制、音色等方面与人类极为相似,同样分为头、颈、腰、尾等部位，并且琴音含蓄悠扬，演奏如泣如诉，如人类呜咽沉吟。[1]古人常以研习古琴作为修身养性的必修课，将内心情感寄托于古琴之中，通过弹奏古琴解脱束缚，慰藉心灵。

古琴结构分为琴体和琴弦两部分，琴体又分为面部和底部两部分，弧形的面板与平直的底板构成主要部分。面板上方安装有13个琴徽，是古琴弦的音位标识。面板的头颈部有岳山，用于固定琴弦。琴弦的一端蝇头通过琴头下方的绒扣经过弦眼从琴头的岳山穿过，另一端绕过琴尾的龙龈与琴底板尾部的两个雁足固定在琴体上。[2]（如图4-7）

古琴制作是一项集细心、耐心、爱心和灵性的技艺，其传统制作技艺极其复杂，大致分为六个步骤，即选材、定型、髹漆、定音、上弦和试音。古琴从造林到制作完成需要近百道工序，历时1年左右。[3]由此可看出，古琴制作属于漆器制作技艺之一。木胚裱布，将古琴表面清洁，修补平整。上一道透明底漆后阴干。大漆阴干条

正面　　　　　　　　　　　背面

图4-7 "石涧敲冰"七弦琴（四川博物院藏品）

[1]刘小萌.古琴、古琴艺术与非物质文化遗产[J].音乐传播,2016(01):11-13.
[2]陈静.四川博物院馆藏古琴略说[J].文物鉴定与鉴赏,2019(14):8-17.
[3]周慧华.柯城古琴[J].浙江档案,2014(8):46-47.

件：大漆的有效成分是漆酚，在活跃的漆酶催化作用下自然干燥成漆膜，最适合的环境条件为温度25℃左右，相对湿度为80%左右。将浸泡稀释漆的苎麻布均匀裱裹在木胚上，最后阴干即可。

常言道"木胎如骨，裹布如筋"，裱布工艺可使古琴木胎得到进一步加固，在一定程度上防止琴体开裂、塌腰等，有利于琴体的保存。裱布时，先按琴体大小裁剪出一块可以包裹住琴体的苎麻布，然后将其放入温水中浸泡，清水冲洗，以去除苎麻布制作过程中用于定型的米浆，洗净苎麻布，展平、悬挂备用。裱布工序主要为刮涂漆糊、裱褙潮湿的布、再次刮涂漆糊，这样的顺序可以确保苎麻布较为平整地裱褙于木胎之上。[1] 具体操作方法如下。

①用刮刀将调好的漆糊薄厚均匀地刮涂在琴面上，见图4-8-a；②待整个琴面都涂好漆糊后，将潮湿的麻布平铺在琴面上，然后将麻布抻拉平整，此时再用刮刀将面板的麻布刮平，见图4-8-b，确保布与面板贴合紧密，再在麻布表面涂刷一层漆糊并用刮刀髹涂平整；③面板刮好后，再用同样的方法将琴体两侧及背板也裱褙好麻布，麻布的接头可以适当重叠0.5厘米，以增强对琴体的加固，但重叠过多则会抑制琴体振动，因此多余的麻布需要用剪刀剪去；④将裱褙好麻布的琴放置在阴房阴干至少一周，荫房的温度为28℃左右，湿度为80%左右，见图4-8-c。

---

[1] 丰子一,方晓阳.古琴灰胎工艺研究[J].广西民族大学学报(自然科学版),2018,24(2):44-51.

a.鬃涂漆糊 　　　　　　　　b.裱褙麻布 　　　　　　　　c.阴房阴干

图 4-8 古琴裱布工艺

4.2.3 书画夏布

随着人们对文化产品需求的不断增长，夏布经过深度加工后，可用于书写和作画。普通的夏布变为书画夏布，成为继丝绢和宣纸之后承载中国书画艺术的又一种文化载体。书画夏布具有鲜明的艺术表现风格和技术特点，它不易被虫蛀、不易破损、耐紫外线照射、布面细腻平整，因而，在书画夏布上创作的书画作品可以通过长时间收藏，使中华书画艺术可以实现千年传承。由于书画夏布是传统手工技艺制作而成，每一寸布纹和局部色泽都绝不重复，所以，书画夏布还具有独特的防伪功能。目前，夏布画在夏布布艺的延伸设计中开展得比较成熟。在湖南浏阳、重庆荣昌、四川隆昌、江西宜春等地均有人从事夏布画的创作。

(1) 书画夏布的前期处理

中国书画载体一般要求具备这些条件：墨韵效果好、底纹古朴，质感效果好，着色效果好，视觉感观好；不易损坏，不易变质，能长久保存。但苎麻纤维的分子结构紧密，会影响染料的渗透能力；且苎麻纤维在水中明显地呈负电性而不易上染，造成着色浅、色光萎暗、色牢度差等不良效果。[1] 夏布在绩织过程中，经线经过上浆处理而纬线没有，含浆量分布不均匀，也会影响墨韵效果。为了提高夏布的墨韵和着色效果，王少农教授在2008年申请了"一种将夏布制作成中国书画载体的方法"专利[2]，经过此方法处理后的夏布具有良好的润墨性、吸水性，完全满足作为中国书画载体的需求。

该项专利里记载，以生夏布（绩织后没有处理的夏布坯布）制作中国书画载体的具体方法包括如下步骤：①浸泡：将夏布平幅放置于清水中，在常温下浸泡2～20分钟，然后捞出沥干，其中夏布与清水的重量比为1∶2；②挤压加密脱水：将浸泡后平幅状态下的夏布，在20～40公斤压力（压强单位，旧称，1公斤力≈0.1MPa，下同）下滚压，将其经线纤维和纬线纤维搓捻成数根密实排布的细丝，脱水后的夏布含水量低于30%，含浆量为5%～25%；③干燥：将夏布平幅放置，于室温中晾干或在25～45℃下烘干至含水量低于8%；④软化：将夏布裹覆在滚筒表

---

[1] 刘晓霞，何文元.高性能苎麻改性纤维的研究[J].纺织科学研究，2004(1)：41-44.

[2] 王少农.一种将夏布制作成中国书画载体的方法：中国，ZL200810045346.8[P]，2008-08-27.

面，在10～20公斤压力下反复滚压2～6分钟后制成中国书画夏布。在软化过程中，在滚筒的表面上涂抹蜡，通过滚筒的滚压，将蜡均匀涂敷在夏布上。

（2）夏布书画艺术品

夏布由苎麻经过一系列手工工艺加工制作而成，由于苎麻在自然生态环境中受病虫害的影响，苎麻纤维表皮就留下了虫疵和病疵等印迹，因而经、纬纤维某一段存在深褐色或浅黑色疵点，在苎麻脱胶时不能完全将其去除，少量随机地残存在苎麻纤维上；绩纱时的麻线粗细不均和织布时的用力程度不一，这些因素导致绩织出来的夏布呈现不均质的肌理效果，形成夏布独特的布面纹理韵味。在夏布上绘画，与宣纸比起来，这种独特的肌理为每一幅作品提供了不可复制的唯一性。手工织出的每一匹夏布表面肌理都不一样，具备天然的防伪标志；夏布又具有天然环保、防虫防蛀、韧性强、耐腐蚀等特性，符合作为书画载体的条件；夏布给人自然、古朴、深远、沉稳、宁静、温暖的视觉效果，符合现代人返璞归真的审美需求。夏布这些特质深受艺术家、设计师和手艺人的喜爱，激发了他们在传统手工夏布上进行艺术创作的热情，使原本平凡的夏布焕发出新的活力，从而也促进了夏布这一非物质文化遗产的传承。

夏布书画艺术品是以夏布为书画的媒介，用画笔、染料完成的书画工艺美术品。在创作题材上，夏布书画艺术品可分为山水画、人物画、花鸟画和书法。夏布的自然纹理和质朴、坚韧的质感，在表现山水、花鸟类题材时，能够自然地反映出天然淳朴、趣味盎然

● 图4-9 夏布画《三峡烟云》，作者：刘庆军

● 图4-11 《萧翼赚兰亭》，作者：隐逸轩

● 图4-10 夏布画《峨眉金顶图》，作者：刘海石

的意境（如图4-9、图4-10）；在表现人物题材，特别是佛、道人物时，利于表现古朴、深远、沉稳的独特效果（图4-11）。[1]

夏布书画不仅能单独装裱，还可以与其他技艺结合，如夏布书画折扇（如图4-12）、夏布书画装饰伞（如图4-13）。只要不用洗，又可以用布来制作的物件都可以用夏布书画来设计与制作。例如，与木质家具结合，在家具上挖出设计好的凹槽，用夏布书画包装住填充物，做成与凹槽相同形态的小物件，再将它嵌入家具凹槽里……木雕与夏布的结合，目前还没有人做，我们能想象它们之间结合的样子——古朴、深邃、刚中怀柔。

---

[1]李超.从记忆到日常——传统荣昌夏布工艺画的当代审美价值研究[J].苏州工艺美术职业技术学院学报,2019（2）：20-23.

● 图4-12 夏布书画折扇　　　　　　● 图4-13 夏布书画装饰伞

在夏布上着色，可浓可淡。浓者，厚重艳丽；淡者，清丽滋润。特别是大面积保留夏布自身的材质肌理，与着色的协调统一，故而倍显其品位高贵之美，这是其他材料难以达到的效果。夏布书画具有贴近自然的性质，其本身就具有一种亲和力，散发着远古的气息，让人觉得温暖、柔和、亲近，它的视觉语言沧桑而凝重，粗糙中有着生命的朴实，单纯中透露着生机，原始而未被污染扭曲。传统作画要求材料平滑、白净、柔软，而夏布比较粗糙，表面肌理丰富，和其他材料相比易形成强烈的视觉冲击力。由于它的材料特殊，因此，创作时格外注重绘画技巧，无论是勾线还是着色，都非常讲究下笔的轻重缓急，同时创作的内容、构图还应与布纹肌理相互衬映、相互融合，有时需要反复上色勾勒的地方，难度更大。[1]所以在夏布画的表现中，总是以朴素的情感唤醒众人，把大家从嘈杂、近乎

---

[1] 蔡麟雪.试论夏布画的肌理表现[J].大舞台，2010(3)：69.

冷漠的都市带到一片安静、温暖的净土，启发人们对自然和返璞归真的渴望，为人们疲惫、怅然若失的心灵带来一丝安慰。

4.2.4 夏布绣

夏布绣是以其绣地材质——"夏布"命名的刺绣，俗称"麻布刺绣"。新余夏布绣于2014年入选第四批国家级非物质文化遗产代表性扩展项目，正式列入中国28绣种之内。[1] 夏布绣在传承与发展中，放弃了民间麻布刺绣用草木染底色的做法，在肌理鲜明、质感突出的特制手工夏布上进行刺绣创作，其中有两个人为夏布刺绣技艺付出了很多心血，一个是江西新余人张小红，另一个是湖南浏阳人苏获；他们都注重对夏布本身的肌理和绣法针法的研究。在绣品的题材选择上，改变传统麻布刺绣以祈福、纳吉与伦理教化等为主的题材，侧重地方特色的文人书画及意深境远的青山绿水类作品；在针法上，除了民间麻布刺绣上惯用的平针绣、数纱绣等传统针法，以适宜夏布绣地为前提，融合多种精细的艺术刺绣针法及透底针、通透乱针、芝麻针等创新型刺绣针法，最后形成夏布绣绣地粗犷、地域性鲜明、拙中寓秀的风格特征。

由于夏布坯布含果胶和米浆，在刺绣之前必须进行夏布绣底的处理。夏布企业同地方农户签订收购合同，将收购的手工夏布，通过"浸酸→碱液浸渍→水洗→酸洗→水洗→脱水→晾干"这样的碱煮法工艺流程脱胶，达到软化后方可卖给绣坊。以前，民间夏布绣

---

[1] 张小红.夏布绣绣地肌理语言及运用[J].上海工艺美术，2017(2)：81-83.

绣娘会采用传统办法，将夏布放置在木甑下蒸，通过水蒸气进一步脱掉夏布麻纤维中的胶质和可溶物质。蒸后取出清洗晾干，叠放整齐，用洗衣服的硬木棒槌捶打，使之达到平整、定型的效果。渝州绣纺的专业师傅将夏布浸泡在70℃左右的草木灰水中约两个小时后，取出降温后人工揉搓、捶打后将夏布裹覆在20千克的滚筒表面，来回滚压4~6分钟，以达到进一步平整的效果。然后跟蜀绣和苏绣一样，要经历设计绣稿、上绷、过稿、刺绣、整理与包装等若干步骤。在刺绣完成以后，由于夏布毛羽多，外表粗糙，需要对夏布绣面进行热烫熨平。[1]

夏布绣传承人张小红和其他手艺人在原来平绣和数纱绣的基础上，不断思考、探索和学习，总结出以下常见且具有代表性的针法，主要有透底针、通透乱针、芝麻针、层叠针、套针五种。[2]

①透底针，是夏布绣的特色针法，借用夏布绣底的肌理与色泽，形成空灵剔透的效果。江西新余夏布绣多以文人类型的写意画为题材，强调线条，弱化色彩。因而在绣线选择上偏重于无色系或是纯度偏低的色彩，即淡彩晕染，突出神韵。将绣线与夏布的肌理和色泽融合，使线迹在布面上若隐若现。透底针适宜于表现烟雨、云雾、远山、江河等景物，产生朦胧且富有层次的效果。夏布绣选稿时，首先要充分理解画意，进而根据画面要求定制夏布，这样可以确保

---

[1] 廖江波,李强,杨小明.江西夏布绣的溯源与技艺考[J].内蒙古大学艺术学院学报, 2016,13(3):97-101.
[2] 廖江波,张小红,杨小明.新余夏布绣技法与风格研究[J].丝绸,2017,54(2):30-36.

夏布的色泽和肌理与原画的意境吻合。夏布天然的绣地与绣线相结合会产生深远的效果，即为虚景，是写意的表现，能给人充分的想象空间。

②通透乱针，是在乱针针法基础上的创新。乱针起源于20世纪30年代，打破针脚"密接其针、排比其线"的做法，线迹疏密错落、长短交叉，看似无序，实则有序。乱针分层加色，绣面深厚，适用于表现油画色彩丰富、层次繁多、立体感强的效果。夏布绣的通透乱针继承了乱针分层设色、光影效果强的特征，不同之处在于它结合掺和针、施针、虚针等针法产生通透的虚实感，似空气在画面流动。

③芝麻针，结合了历代纳鞋垫的针法，错落有致，针脚较短，第二排绣在第一排的两针之间，第三排又绣在第二排的两针之间，以此类推，以很短的线绣成点状像芝麻一样的形态，针与针相连而刺，针迹要细如芝麻。在夏布上用芝麻针使绣线在每一个短距离的长度上形成一个固定点，可以缓解绣线长度加大时，出现的挂丝、拉毛、断线的问题。

④层叠针，层叠针与施针相似。施针是汉族刺绣传统针法之一，指多层稀疏针迹按需分层施加的针法，每一层绣线长短参差，逐步加密。层叠针常用来表现人物的毛发与胡须（如图4-14），营造飘逸与蓬松的感觉。夏布绣的层叠针在表现人物的面部表情时，为了表现精妙的层次，有可能需要绣5~6层。

⑤套针，始于唐、盛于宋，针法特点是参差排列、皮皮相迭、针针相嵌，形成有规律的分批鳞次相覆、犬牙相错的针迹，表现退晕的效果。套针按线迹组成的纹样，又分为平套、散套、集套等。

● 图4-14 《李太白像》，绣制：张小红

● 图4-15 《唐宫富贵》，绣制：张小红

夏布绣中的套针，借鉴苏绣的工艺手法，其中尤以散套应用最为平凡。散套是第一皮出边，外缘整齐，排针密，内则长短参差，在表现微妙的层次过渡时，效果甚佳，适宜于绣制花卉、翎毛。在绣制花卉时先绣后面的底色，先施后套，打间针时藏去针脚，针脚有序排列，色彩层次过渡微妙。图4-15是为数不多以色线为主的刺绣，以套针绣制的牡丹花花瓣，线迹交叉搭接，错落有致，色彩退晕效果没有分块面时的生硬。

夏布绣计白当黑，以线代墨，使绣地的天然肌理与文人书画的笔墨气韵相得益彰，是一种具有开拓性的绣种。[1]夏布绣选用名人书画作题材时，不是简单地临摹原作，而是在绣地肌理之上的二次

---

[1]张小红.夏布绣绣地肌理语言及运用[J].上海工艺美术，2017（2）：81-83.

● 图4-16 《松鹤图》，
绣制：渝州绣坊

● 图4-17 《六君子》，
绣制：渝州绣坊

创作。绣制者在丝绸、棉布等绣地材料上不需要过多考虑其材质的色彩差异和材质肌理，但在绣制夏布绣类作品时既要认知了解夏布天然形成的色彩差异，又要认知了解夏布依靠传统手工技艺在绩织过程中形成的肌理效果在绘画题材中的运用。例如，新余夏布绣绣娘对江西籍画家八大山人的作品尤为钟爱，八大山人的作品笔墨苍劲有力、意境空旷寂寥，二次创作时绣娘不需要大面积铺陈，只需要对主体物进行细腻的描绘，夏布的肌理可以形成对疏朗构图的一种补充，同时借助绣地肌理烘托刺绣主题（如图4-16和图4-17）。夏布绣主题与绣地浑然一体，体现图与底的和谐之美。

在湖南，夏布绣的首创人——工艺大师苏获本是画家，他将绘画中的色彩和结构等方法应用于夏布绣中。首先，是绣法上的改进，

● 图4-18 《安南像》，绣制：苏获

刺绣与绘画为姊妹艺术。清代刺绣家丁佩在《绣谱》里曾给刺绣下定义："以针为笔，以纤素为纸，以丝线为颜色的绘画。"五代到北宋，随着江南经济文化的繁荣、日用刺绣技术的成熟，以及受书画艺术的影响，当时出现了一些刺绣观赏品从日用品中分离出来，成为独立的艺术品，称之为"绣画"。[1]"绣画"将刺绣做得像画一般有人文趣味，追求的是"如画之境"，强调画意。然而绣画者，绣先画后，绣统率画，针法先于画意，绣画与画差别大。画家苏获却把绣画调了个个儿，称为"画绣"。画绣者，以画为主，以绣相随，画意调度针法，画统率绣。因而绘画的神韵、语言、痕迹统领了针法。这是刺绣史上的革命，刺绣的档次一下就上了新的台阶。其次，是针法技艺的改进。以作品《安南像》为例，在绣制安南的面部安排上，他尝试以骨骼和肌肉的解剖结构调整针线走向，这种"开脸子针"

---

[1] 许嘉.从"绣画"到"针言"[J].新美术，2020，41(1)：110-116.

技巧，避免了绣线容易反光导致面部光线紊乱的缺陷，很好地表现出安南的深邃安详（图4-18）。[1]安南黑白参半的卷发很有特色，苏获采用传统的仅用表现花蕊的"打子针"技巧，而且创新地进行时松时紧的特殊处理，让绣品上的卷发有了蓬松逼真的感觉。

作品《安南像》远看如同一幅凝重的油画肖像，它的巧妙之处在于利用了麻的本色与黝黑色的皮肤相结合，五年构思，一年刺绣，边绣边改，以针代笔，以丝为色，并就地取材，用点和线表现物象形体、结构、肌理和笔触。作者最终将眼光深邃而安详，嘴角坚毅，有坚强意志和悲天悯人情怀的安南进行了完整的表现，让这种以夏布为底、以麻为线的麻绣艺术呈现出另一番古朴与美丽。

4.2.5 夏布工艺花

最近三年，在重庆悄然兴起用夏布制作各种花朵（如玫瑰花、向日葵和玉兰花）的新风潮。重庆感懒树文化交流有限公司的杨青在2017年申请了两项专利，分别为一种夏布玫瑰花和夏布向日葵的制作方法。[2][3]

夏布玫瑰花的制作方法，包括剪制花瓣和叶子模板，制作花瓣、叶子、枝叶，剪花萼和固定等步骤。a.剪制花瓣和叶子模板：根据玫瑰花瓣和叶子的形状特征，在牛皮纸上用笔绘制出大小不一的花

---

[1]张军才.安南的风采——记民进会员、"百花杯"中国工艺美术精品金奖获得者苏获[J].民主，2006(9):30-32.
[2]杨青.一种夏布向日葵的制作方法[P].中国专利:CN107568827A,2018-01-12.
[3]杨青.一种夏布玫瑰花的制作方法[P].中国专利:CN107684147A,2018-02-13.

瓣和叶子形状，沿着画线裁剪牛皮纸而形成玫瑰花瓣和叶子模板。b.制作花瓣：将夏布分别通过不同尺寸的花瓣模板剪成大小不同的玫瑰花瓣，将剪制的花瓣拉伸及卷边，备用。c.制作叶子：根据叶子模板剪制玫瑰花叶子。d.制作枝叶：取绿色铁丝上万能胶，上胶5～8分钟后，将对折的玫瑰叶子折线处与上胶的绿色铁丝黏合，胶干后打开并压弯铁丝，然后按3片一组，用纸胶结合后备用。e.剪花萼：将夏布剪成6厘米×1厘米的等腰三角形，剪好后在三角形两条长边上各打2个剪口，模仿真花萼的倒刺。f.固定：取花拖，将步骤b制作的花瓣由小到大按顺时针方向，从花拖顶部粘至花拖底部，直到花拖的位置全部被花瓣覆盖，然后在花拖底部插入支撑花朵的绿色铁丝并固定，再在花拖底部与铁丝结合处粘花刺，最后用纸胶缠绕绿色铁丝，缠绕过程间隔加入步骤d制作的枝叶，待纸胶缠绕至底即获得夏布玫瑰花。

参考杨青的夏布玫瑰花制作方法，西南大学夏布传习社进行了夏布玉兰花的制作实践。玉兰，俗称白玉兰、迎春花，是中国特有的名贵花木之一，是木兰科植物中最著名的种类，因其"色白微碧、香味似兰"而得名。古人把它与海棠、牡丹、桂花并列，美称为"玉堂富贵"。玉兰叶厚纸质，倒卵形、宽倒卵形或倒卵状椭圆形，长10～15厘米，宽6～10厘米。花蕾多单生枝顶，偶有腋生，卵圆形；花先叶开放，直立，芳香，径10～16厘米，花被片9枚，白色，基部或中脉常略带粉或紫红色，每三片排成一轮，内外几同形，

● 图4-19 玉兰花

钟状；雄蕊群紫红色，雌蕊群淡绿色（图4-19）。[1]玉兰花开时，满树花香，花叶舒展而饱满，花朵在枝头孤寒傲立、优雅而高洁。

制作夏布玉兰花时，直接用未脱浆的夏布坯布，硬挺度刚好；而且易于塑形，用大拇指对花瓣进行抠、刮等动作就可以塑造花瓣的形状；其结构稳固，不需要进行任何工业化学处理，安全、环保，具有天然的防腐、防菌、防霉功能。制作玉兰花与玫瑰花的步骤大致相同，只是没有花萼，但多了花柱和花蕊的制作。花柱是将纸巾用胶水沾湿并揉捏成高度为1厘米左右的水滴状纸团，然后用颜料染成黄绿色；用黄色夏布裁出宽为2厘米、长为4厘米的长方形，并沿长度方向将纬线抽出3厘米，做出玉兰花丝；再将花丝粘裹在花柱周围形成花蕊。用夏布裁剪出大、中、小三个层次的花瓣，按小、中、大的顺序从花蕊开始依次向外粘贴，完成玉兰花花朵的雏形。

夏布玉兰花的制作方法并不难，难的是怎样塑造出如图4-19所示有生命力的各种形态。玉兰花孤傲地站立于枝头，花瓣微卷，卷的部位又各不相同，大部分在纵向位置，少部分又在斜向位置叠

---

[1]王晶,岳琳,王亚玲.中国玉兰资源及其繁育技术[J].园林,2020(5):12-16.

● 图4-20 夏布玉兰花制作

● 图4-21 夏布旅游纪念工艺品（来源于壹秋堂夏布工作坊）

加卷曲；有的花瓣点头，有的花瓣扭头，有的花瓣后仰；有的含蓄，有的张扬（张扬的是少数，基本都位于花朵外层，有张扬的空间）。在夏布玉兰花雏形基础上，根据大脑中的玉兰花形态，用大拇指抠、刮等动作任意塑造自己认为美的玉兰花。西南大学夏布传习社用原色夏布制作的玉兰花（图4-20），尽管没有实物那样洁白，但其优雅高贵如明朝诗人睦石所作诗歌《玉兰》所言："霓裳片片晚妆新，束素亭亭玉殿春。已向丹霞生浅晕，故将清露作芳尘。"

夏布除了用于制作漆器、古琴、夏布花、夏布绣、夏布画以外，在壹秋堂夏布工作坊还呈现有用夏布仿制重庆一些特色景点和建筑物的旅游纪念工艺品，如解放碑、重庆大剧院、朝天门（图4-21）；

通过在夏布上绘画、烧边、拼贴、叠加等多种工艺手段和技法，创意设计出具有历史厚重感和浅浮雕效果的独特工艺品。

夏布具有质地硬、重量轻、防腐、防菌和防霉等性能，将其裹在木制器物的外面，既能防止器物开裂，又能防虫防蛀，从而延长其使用寿命。古人将夏布应用在漆器和古琴中，就是利用了夏布的这些性能和作用。

在当代社会，先进的科学技术推动社会飞速发展，各种新思维、新观念层出不穷，人们审美标准的转变也使得现代艺术创作有别于传统，对于作品的艺术性、独创性、个性化的需求越来越高。一方面，创作者在各种中外交流中汲取了多种艺术创作的新元素、新观念，逐渐摆脱了传统单一的思维模式；另一方面，随着审美意识的不断增强、审美品位的不断提高，张扬个性美的肌理表现形式作品受到了大众的欢迎和关注。[1]而夏布具有贴近自然、韵味古朴的特质，散发着远古的气息，让人觉得温暖、柔和、亲近；非均质的表面纹理彰显其丰富的肌理效果，它的视觉语言沧桑而凝重，粗糙中有着生命的朴实，单纯中透露着生机，原始而未被污染扭曲。在夏布上绘画和刺绣、用夏布制作工艺花等都是利用了夏布的这些形态特征和视觉冲击力。人们总能在不同历史时期利用夏布的不同性能和形态特质，创造出满足生活需要的产品，一是夏布本身具有优良而丰富的实用性能和视觉肌理；二是人类的创新精神，让夏布延绵几千年至今，从未中断。

---

[1]蔡麟雪.试论夏布画的肌理表现[J].大舞台,2010(3):69.

4.3 家居用品

夏布从古老历史中走来,在现代的大舞台上也演绎着精彩的角色,工艺大师们利用夏布来进行简单的创意,点缀生活的情趣空间,如利用夏布来制作手包、储物篮、化妆工具盒、桌旗、杯垫、窗帘、门帘和茶席等(如图4-22、图4-23、图4-24)。在日本京都商业街,很多商铺在门口或者店内某个位置用夏布做门帘或隔断,经某夏布企业老板介绍,日本人认为京都的阴气比较重,需要具有阳刚之气的夏布与之相抗衡,起到避邪的作用。

不同的时期,夏布演绎着不同的故事,为遮羞,为地位,为品位,尽管跌跌撞撞,但都一直在保存它自身的价值,如今的艺术工作者们让夏布开始回归生活。这种回归,并不是简单地退回到历史中去,而是一种随时代潮流的"生活化"回归:用流行时尚的艺术设计、文化包装去提升夏布制品的生活化指数,赋予它更多的附加值,让它从古老的传统中活过来,以新面貌活在当下,从而使它为现代人所用。对于传统,我们需要继承,但更多的是需要让它与社会一起存留下来。[1]

一起留下来,就需要夏布处在我们的生活中,跟我们朝夕相处,陪伴着我们的日日夜夜。

---

[1]杨剑.民间土布的华丽转身——浅谈中国夏布画艺术[J].大众文艺,2011(16):286-287.

抱枕、灯、电脑包（壹秋堂）　　储物篮（感懒树）

垫子（壹秋堂）　　化妆工具盒（壹秋堂）

日式夏布窗帘（沙溪布庄）　　桌旗（沙溪布庄）

● 图4-22 家居用品（一）

4.夏布之用

日本京都店铺门帘

香囊（橘子文创工作室）

手包（橘子文创工作室）

● 图4-23 家居用品（二）

◉ 图 4-24 家具用品（三）——茶席用品系列

4. 夏布之用

4.4 办公用品

办公用品指人们在日常工作中所使用的辅助用品,主要被应用于企事业单位,它涵盖的种类非常广泛,包括文件档案用品、桌面用品、办公设备、财务用品、耗材等一系列与工作相关的用品。

夏布用于办公用品是最近十几年才开始的。首先是夏布织造技艺被纳入国家级非物质文化遗产,作为非遗载体的夏布,只有拓宽其使用范围,设计、生产出符合现代人审美需求的日常用品,才能激发人们对夏布的需求,从而有利于夏布织造技艺的传承。其次,随着现代生活节奏的加快以及工业化发展,人们更加怀念古时日出而作、日落而息的田园慢生活。夏布是贯穿古今的织物,承载着历史,伴随着现在,它拙雅的色调、特殊的质感以及手作的温度,让它的受众可以用这一方织物寄托对田野乡村、山川大海的自然向往。基于传承和满足人们需求的目的,西南大学纺织服装学院(现西南大学蚕桑纺织与生物质科学学院)承创工作室团队成员李亚星同学,以"夏·物"为主题,设计并制作了"夏历""田园布歌"和"夏夜物语"三个系列的文创产品——挂历(图4-25),其中办公用品如iPad包、卡包、笔袋、眼镜袋和文化包(如图4-26至图4-30),深受文艺爱好者的青睐。

◎ 图 4-25 夏布挂历

◎ 图 4-26 iPad 包

4. 夏布之用

◎ 图 4-27 卡包

◎ 图 4-28 笔袋

◎ 图 4-29 眼镜袋

◎ 图 4-30 文化包

夏布作为国家级非物质文化遗产"夏布织造技艺"的载体，由过去的实用形态转变为现代的文化形态，与国家的"非遗"保护政策和文化创意产业的兴起密切相关。党的十八大报告指出"建设优秀传统文化传承体系，弘扬中华优秀传统文化"。党的十八届五中全会通过的《中共中央关于制定国民经济和社会发展第十三个五年规划的建议》中，要求"构建中华优秀传统文化传承体系，加强文化遗产保护，振兴传统工艺"。2017年3月，文化部、工业和信息化部、财政部为落实中央文件指示精神，制定了传统工艺振兴计划，由国务院办公厅转发。《中国传统工艺振兴计划》第一次以官方文件的形式，对传统工艺下了一个定义："本《计划》所称传统工艺，是指具有历史传承和民族或地域特色、与日常生活联系紧密，主要使用手工劳动的制作工艺及相关产品，是创造性的手工劳动和因材施艺的个性化制作，具有工业化生产不能替代的特性。"传统工艺的核心是手工技艺的个性化制作，是人与技艺的和谐统一，凝聚着创作者的思想情感、对技艺的纯熟表现、对美的感知和理解，具有唯一性，这是工业化生产无法替代的。夏布织造技艺属于传统缋织手工艺，蕴含着优秀的中华传统文化，在当代的转化应用中，体现出传统价值观和现代价值观的交融。传统手工艺的现代转化不是一味迎合时尚，也不是以复古加于当代，而是传统的与现代的两种价值观的交互融合：借鉴、互补、协调一致[1]。对传统手工艺的认识不能只认为它是文化，而是要认识它和与之具有内在关联的传

---

[1]吴南. 传统手工艺的现代转化[J].民艺，2019（6）：6-10.

统价值观之间的联系。传统手工艺具有丰富的表现形式和文化意义，因此可以创造出新的生产方式和文化产品，生产具有传统价值的文化记忆、亲近自然的生活审美和关于"手"的人文体验。[1]手工艺自古就是个性化、差异化、数量少的生产，它适合为小众服务，甚至满足特定人群的特殊要求，在创造性转化过程中，需要尊重手工艺的发展规律，提高手工艺个性化定制能力、柔性化生产意识、创意设计能力、通过好产品传达工匠精神的能力、打造文化体验园区的综合能力。[2]

夏布在当代生活中的回归，针对产品开发，应坚守传统手工的核心技艺，变通其外在形式，在真正意义上开发具有传统工艺美学的物件。挖掘夏布历史价值、技艺价值、性能价值和视觉价值，创新地利用这些价值，设计、制作出与时代呼应的产品。"没有价值的东西注定会被淘汰，发掘夏布的价值才是夏布的存活之道。用文化和艺术赋予夏布更多的商业价值，挖掘夏布及其工艺本身的文化价值、艺术价值，这些价值之和，使古老的夏布，漫过岁月的荒漠，开出令人惊艳的花。"[3]夏布作为非物质文化遗产载体，具有非遗符号属性，古朴、自然、环保、有肌理感和个性化，这些特性都是当今社会人们追求的。正因为如此，夏布画、夏布绣和夏布花等深受人们的喜爱。夏布在不同时期通过创新开发产品满足了人们不同的需求，创新才是夏布几千年来不间断使用的原动力。

---

[1]鲍懿喜.手工艺：一种具有文化意义的生产力量[J].美术观察,2010(4):12-13.
[2]邱春林.手工艺承载的文化传统[J]. 艺术评论, 2017(10):30-33.
[3]谢晓飞.夏布：比岁月更悠长[J].中华手工,2008(06):89-93.